銀河宇宙観測の最前線

銀河宇宙観測の最前線

「ハッブル」と「すばる」の壮大なコラボ

谷口 義明

海鳴社

まえがき

私はここ十年来、ハッブル宇宙望遠鏡の基幹プログラムである「宇宙進化サーベイ」（通称、コスモス・プロジェクト）という国際研究プロジェクトに参加し、宇宙の進化、銀河の進化について研究してきました。

そこで本書では、私が中心になって推進してきた国立天文台すばる望遠鏡による観測の様子を中心に、天文学・観測的宇宙論の研究現場の熱気のようなものをお伝えしたいと思います。

一九七〇年代以降、これまで、多くの天文学者の研究活動から、さまざまな新現象が見つかり、また、さまざまな課題も数多く浮上してきました。中でも天文学的に重要なのは、従来、銀河が宇宙に均一に分布していると考えられてきたことが事実ではなく、多くの銀河が分布している領域とほとんど分布していない領域が入り交じって、とても不思議な構造をとっている宇宙の姿が浮かんできたのです。このような銀河の分布が見せる構造を「宇宙の大規模構造」と呼んでいます。この「宇宙の大規模構造」が宇宙の進化とともにどう生まれてきたのか？　銀河がたどる一生とどうかかわっているのか？　といった謎の解明が本書の背景にあります。これらを説明するためのいろいろな〝道具立て〟も見出されてきました。観測には直接かかっていないけれども存在することは確実視されている「暗黒物質（ダークマター）」、宇宙の将来の姿を予想する際にカギを握る「暗黒エネルギー（ダークエネルギー）」、粒子物理学の理論と実験からは、「超対称性粒子」の数々とそれらを体系化する「超対称性理論」などの虚実、ニュートリノの種類は現在考えられているものより多いかどうか……なども、宇宙の謎解きに参入してくることでしょう。

第一部は、日本天文学会の学会誌である天文月報に連載された私の報告、『コスモスな日々』を基にその後の発展も含めてまとめたものです。『コスモスな日々』のオリジナルを読んでみたい方は、以下のＵＲＬのＷｅｂ頁をご覧ください。

http://www.asj.or.jp/geppou/contents/

この『コスモスな日々』連載は、「今日の宇宙に見られる大規模構造の遠因が誕生間もないはるか遠い宇宙に求められるのではないか」という考えに立って展開された、コスモス・プロジェクトという国際観測プロジェクトのドキュメントタッチの報告です。

ハッブル宇宙望遠鏡の最新の性能を駆使して実施された「超深部宇宙探査計画（ＵＤＦ）」の成果

にすばる望遠鏡のサーベイ観測の比類ない性能での観測成果を併せ考えると、遠い昔の宇宙での銀河や星の誕生・進化のもようがより鮮明に明らかにされるだろうと考えられるのです。

コスモス・プロジェクトはハッブル宇宙望遠鏡だけでなく、すばる望遠鏡や他の波長帯の優れた天文台を駆使して行われたものです。『コスモスな日々』を読むと、私たちがどのようにして、すばる望遠鏡で観測を行ったかがお分かりになると思います。

第二部は、

『コスモスな日々再び　２０１５――マエストロ銀河の発見』

と題してコスモス・プロジェクトのあと、その研究成果からどのようなことが言えるようになったかをごく最近の観測例を通して紹介します。例えば、ある銀河では、星が盛んに生み出され、照り輝いていますが、ある時を境にその勢いが急激に衰えるものがあるということがわかってきました。そんな不思議な現象があることがわかったのも、コスモス・プロジェクトの副産物なのです。

第三部は、特別編です。日本天文学会は一九〇八年の創立なので、二〇〇八年で百周年を迎えました。その記念に日本天文学会は天文月報の特別号を出したのですが､テーマは「１００年後の天文学」でした。つまり、二一〇八年には天文学の研究はどのようになっているだろうかという未来予想図を集めた特別号です。私は原稿依頼を受け、『コスモスな日々――２１０８』という文章を認めました。二一〇八年には私はもういないはずなので、銀河 旅人（ぎんかわ たびと）というペンネームを使いました。私の予想が当たるかどうかわかりませんが、二一〇八年にはわかるはずです。

以上のように少し変わった構成になっていますが、天文学の基礎知識のみならず、天文学の研究現場の雰囲気も楽しんでいただければ幸いです。

本書にはもう一つの目論見があります。

研究者という職業があります。では、研究者はいったいどんな風に仕事をしているのでしょうか？私の職業は大学の教官なので、教育と研究を行ってきています。分野は天文学なので、自分では天文学者だと思っています。多くの方々にとって、天文学がそれほど身近なものだとは思えません。ましてや、天文学者がどのように宇宙の探求を行っているのかピンとこないと思います。

私の専門分野は銀河天文学や観測的宇宙論と呼ばれるもので、主として遠くにある銀河を観測して、宇宙の謎に挑んでいます。そこで、私がどのような研究をしてきたか、その一端を皆さんに楽しんでもらうために本書をしたためました。

ちなみに、第一部のもとになった「コスモスな日々」の天文月報掲載号を列記しておきます。

コスモスな日々　第1話　天文月報２００４年10月号
コスモスな日々　第2話　天文月報２００５年２月号
コスモスな日々　第3話　天文月報２００５年５月号
コスモスな日々　第4話　天文月報２００６年１月号
コスモスな日々　第5話　天文月報２００６年７月号
コスモスな日々　第6話　天文月報２００７年８月号

なお、掲載原稿は第6話までとなっていますが、本書では、その後の進捗も含めて7話構成としてありますことを、お断りしておきます。

二〇一七年二月　杜の都、仙台にて

放送大学教授　谷口　義明

目次

第一部　コスモスな日々

——「コスモス」で分かったすばる望遠鏡の真価

第1話 「コスモス」への招待状

1 ありふれた日々

私は天文学を生業《なりわい》としている。やや、変わった職業かもしれない。しかし、日本全国には同業者を合わせれば数百人はいるし、世界的にみれば何十万人のオーダーになるだろうから、そう特別な職業でもない。

私の専門分野は天文学のなかでも銀河にまつわる部分である。星の大集団である銀河が、宇宙の歴史の中で、どのように生まれ、育ってきたのか。そんなことを調べて過ごしている。実際に望遠鏡を使ってデータを取り、解析して研究を進めている。だから、観測しているときは昼夜逆転の生活スタ

図 1-1　ハッブル宇宙望遠鏡（提供：STScI)

イルになる。

しかし、ハッブル宇宙望遠鏡（図1-1）などの「空飛ぶ天文台」を使う時には、自分自身が観測に出かける必要はないので、ごくごくありふれた生活スタイルを送ることができる。また、地上の天文台を使う観測も、一年当たり数回程度である。つまり、観測天文学にウェイトがあったとしても、天文学者は普通の生活をしていることの方が圧倒的に多いのである。霞を食べて生きる仙人のような生活でもない。普通の食事をとっている。それが天文学者の姿である。

2　二〇〇三年　四月　その壱

二〇〇三年四月のある日。私はいつものような普通の生活をしていた。朝、オフィスに着いて最初にすることは計算機の電源を入れることである。パソコンとワークステーション。それぞれ一台ずつある。

とりあえずワークステーションの前に座る。電子メールをチェックするためである。私のワークステーションの名前は「クエーサー（quasar）」という名前である。私がかつて所属していた東北大学の天文学教室では「テラ（terra）」という名前のメールサーバーが使われていた。「クエーサー」から「テラ」へ接続し、電子メールをチェックする。また、一日が始まる。

その日も、「テラ」に接続すると数十通の電子メールが来ていた。ネット系の不要なメールはどんどん削除し、必要なものだけ残し、対応する。下手をするとその対応だけで午前中を費やすこともある。ＩＴ時代も便利でいいが、多忙な時代であることだけは確かなようだ。

この日来ていたメールの中に、ハワイ大学天文学研究所のデーブ・サンダース（Dave Sanders）博士からのものがあった。いつもとは少し違う雰囲気だ。内容がない、のである。つまり、メールはこうなっていた。

「ヨシ　電話したいことがある。都合いい時間と、その時使える電話番号を教えてくれ　デーブ」

たったこれだけである。なんに関する話なのか？　それがさっぱり書いていない。ハワイとは時差がマイナス19時間。こちらの朝は、むこうでは前日の夕方になる。デーブもまだオフィスにいる頃だろう。私はわけのわからないまま電話をかけた。

「おー　ヨシ、サンキュー」

やはりデーブはまだオフィスにいた。

「メールを見たけど、どういう話？」

「うん、実は結構大事な話だ」

直接話をしたいくらいだから、そういうことなのだろう。

「うん、で？」

「HST(1)のコスモス計画のことは知っているか？」

「コスモス計画？　いや、知らない」

「宇宙の大規模構造を調べるビッグな計画で、HSTのトレジャリー・プログラム（treasury program＝基幹プログラム）に採択された。俺はこの計画のうち、地上望遠鏡の補強観測のマネージャーをやることになっている」

コスモス計画。名前は知らなかったが、そういう内容の計画が進められているのは知っていた。もう一つ知っていることがあった。その計画はあまりにもビッグ過ぎて、HSTになかなか採択してもらえない、ということである。しかし、それが終に採択された。どうも、そういうことらしい。

「おお、それは凄い！　おめでとう！」

（1）HST＝Hubble Space Telescope 「ハッブル宇宙望遠鏡」の略称.

「うん、ありがとう。　ヨシ、ところでコスモス計画のＰＩ（Principal Investigator＝計画責任者）は誰だか知ってるか？」

「いや」

「ニックだ」

「えっ、ニック？　ニック・スコビル（Nick Scoville）？」

「ああ、そのニックだ」

図 1-2　すばる望遠鏡（提供：国立天文台）

「確か、リチャードじゃなかった？」

「リチャード・エリス（Richard Ellis）？」

「うん」

「確かにそういう時期もあった。ただ今回のサイクル12 ⑵ のプロポーザル（観測提案）からニックに変わった」

「そうだったのか……」

理由はともかく、非常にビッグなプロジェクトがＨＳＴに採択されたことになる。これは凄いことになりそうだと感じた。

（2）HST の観測期間はサイクルと言われる．これに対して，一般の地上望遠鏡の観測期間はセメスターと呼ばれることが多い．

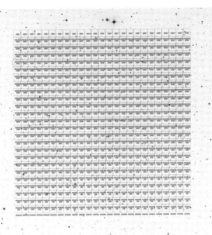

図 1-3　2 平方度の天域を HST の ACS カメラで観測する様子（背景の天域はコスモスフィールドではない）．いかに大変な観測であるかがわかる．（提供：Nick Scoville 博士 [Calteh]）

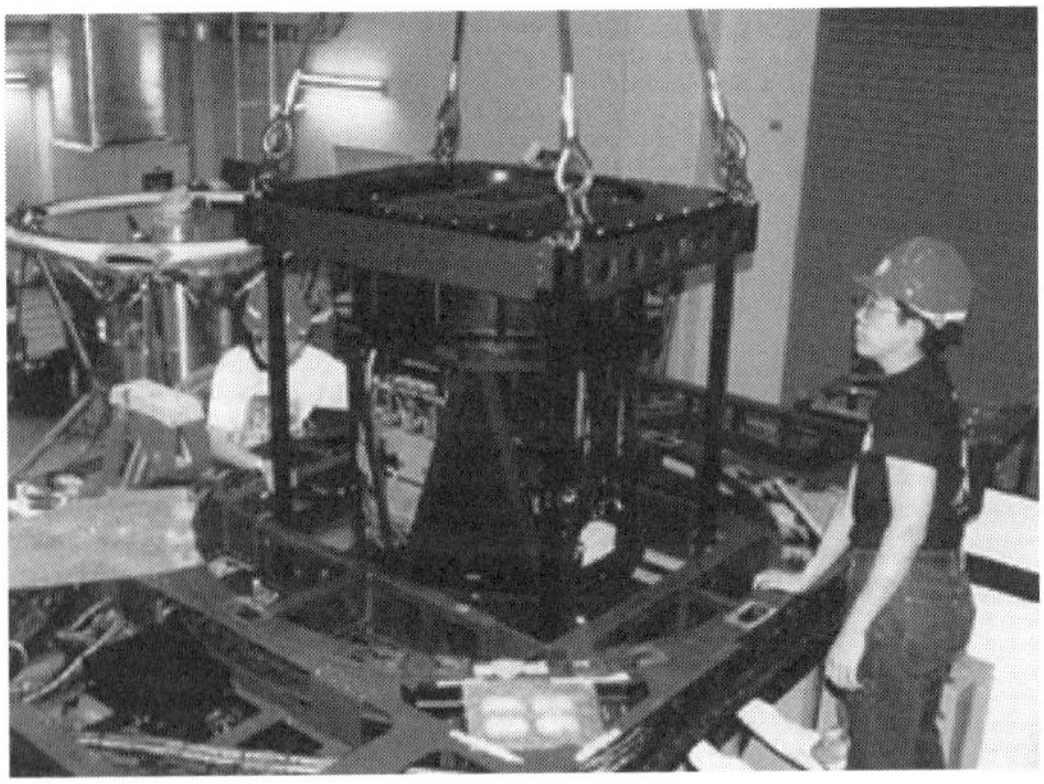

図 1-4　すばる望遠鏡の主焦点カメラ，スプリーム・カム．（提供：国立天文台）

「デーブ、本当に良かったね」

私がそういうと、デーブの声のトーンが変わった。

「ヨシ、そこでお前に頼みがある」

「なんだい？」

「すばる(3)（図１‐２）の観測時間がとれないだろうか？」

「確約はできないけど、プロポーザルを提出するのは問題ないと思うけど」

「ありがたい。コスモス計画では宇宙の大規模構造を調べるために、２平方度もの広い天域をＨＳＴのＡＣＳ(4)で観測する。ＡＣＳは非常に素晴らしいカメラだが、一回の撮像でカバーできる視野はそれほど広くない。ざっと3分角×３分角。そんなものだ。ＡＣＳで2平方度撮像するにはカメラを動かしながら６２５回ものショットをつなげていくことになる（図１‐３）」

「６２５ショット？　おいおい、本気？」

「ああ、本気だ。コスモス計画がなかなか採択されなかったのはこの大変さがネックになっていたんだ」

なるほど、納得できる。ＨＳＴ史上最大の計画。多分そうだろうと思った（後で、本当にそうだということがわかった）。

（3） すばる望遠鏡は，独立行政法人・自然科学研究機構・国立天文台が運用する口径 8.2 メートルの光学・赤外線望遠鏡．アメリカ合衆国ハワイ州ハワイ島のマウナケア山頂（標高約 4200 メートル）に設置され，1999 年にファーストライトを果たす．
（4） ACS ＝ Advanced Camera for Surveys．HST に搭載された最新鋭の高性能 CCD カメラ．

「2平方度か……デーブ、確かに、それだけ広い視野を観測するんだと、すばるがいいと僕も思う」

「ああ、そのとおり。スプリーム・カム(5)(Suprime-Cam 図1-4)があるからな。是非とも頼む」

「わかった。とにかくやってみよう。コスモスの観測天域はどこ?」

「赤経=10時、赤緯=0度。そのあたりだ」

観測に適しているのは春。二月あたりだ。今は四月。すばる望遠鏡の観測期間はA期とB期に分かれている。A期は四月から九月、B期は一〇月から三月。つまり、コスモス・フィールドを観測するなら二〇〇四年の二月頃が最初の好機になる。これはSO4B期に相当する(6)。

「じゃあ、来年二月頃の観測か。SO4B期だから、観測提案の申し込みはもう直ぐだ。五月二日だぜ、締め切りは」

「えっ、それは大変だ。あと二週間か。わかった、とにかくコスモスメンバーで相談してみるよ。なにせ、観測もビッグだから、チームもでかい」

(5) Suprime-Cam。すばる望遠鏡に搭載されている主焦点広視野CCDカメラ．34分角×27分角の視野が一挙に観測できる高性能カメラで，口径8m級の光学望遠鏡に搭載されているカメラとしては最大のカメラである．ところでSuprimeをどう発音するかは意見が分かれる．すばる・プライムフォーカスカメラなので，スプライムと呼ぶこともあるが，シュプライムとなることもある．すばるのオペレータの方々と意見交換したことがあるが，supreme（素晴らしい）を意識してスプリームという方が好きだということであった．私も実はスプリーム・カムと呼ぶのが好きなので，本稿ではスプリーム・カムを採用させていただいた．
(6) 観測セメスターの名称．2004年のB期のセメスターなので，略してS04B期と呼ばれる．

「メンバーは何人？」

「今のところ38人」

「ひゃー、それは大所帯だな」

「ああ、だから大事なことを決めるにはそれなりに時間がかかる。すばるでの観測の可能性は、今のところ俺とニック、あと数人で話している段階だから、正式なものにするためにはチョッと時間がかかる。しかし、時間がないことも事実だ。ヨシ、悪いけど、観測提案書の準備を進めておいてくれないか？　こっちもなるべく早く、決着をつける」

「わかった。問題ないよ。ただ、観測戦略はそちらからの情報がない限り決められない。とりあえずコスモス・フィールドをスプリーム・カムで観測する方法を検討しておくことにするよ」

「ＯＫ　じゃあ、またあとで連絡する。サンクス」

「デーブ、バイ」

受話器を置いて、一件落着？　いや、どうもそうではない。コスモス計画。これは大変な計画だ。しかもＨＳＴを中心に、地上の優れた望遠鏡に動員をかける。一大プロジェクトに違いない。しかし、今の段階で深く考えてもしょうがない。とりあえず、他にもしなければならないことはある。

「まあ、様子を見ながら進めていくか……」

独り言を残して、次の仕事にとりかかることにした。

3　二〇〇三年　四月　その弐

コスモス計画。あの日の電話以来、どうもこの言葉が頭にこびりついて離れない。困ったものである。とりあえず、すばるでの観測について少し考えてみることにした。コスモス計画で観測する天域の広さは2平方度。つまり、1・4度角×1・4度角で、だいたい2平方度になる。スプリーム・カムのカバーする視野の広さは34分角×27分角。ざっと0・5度角×0・5

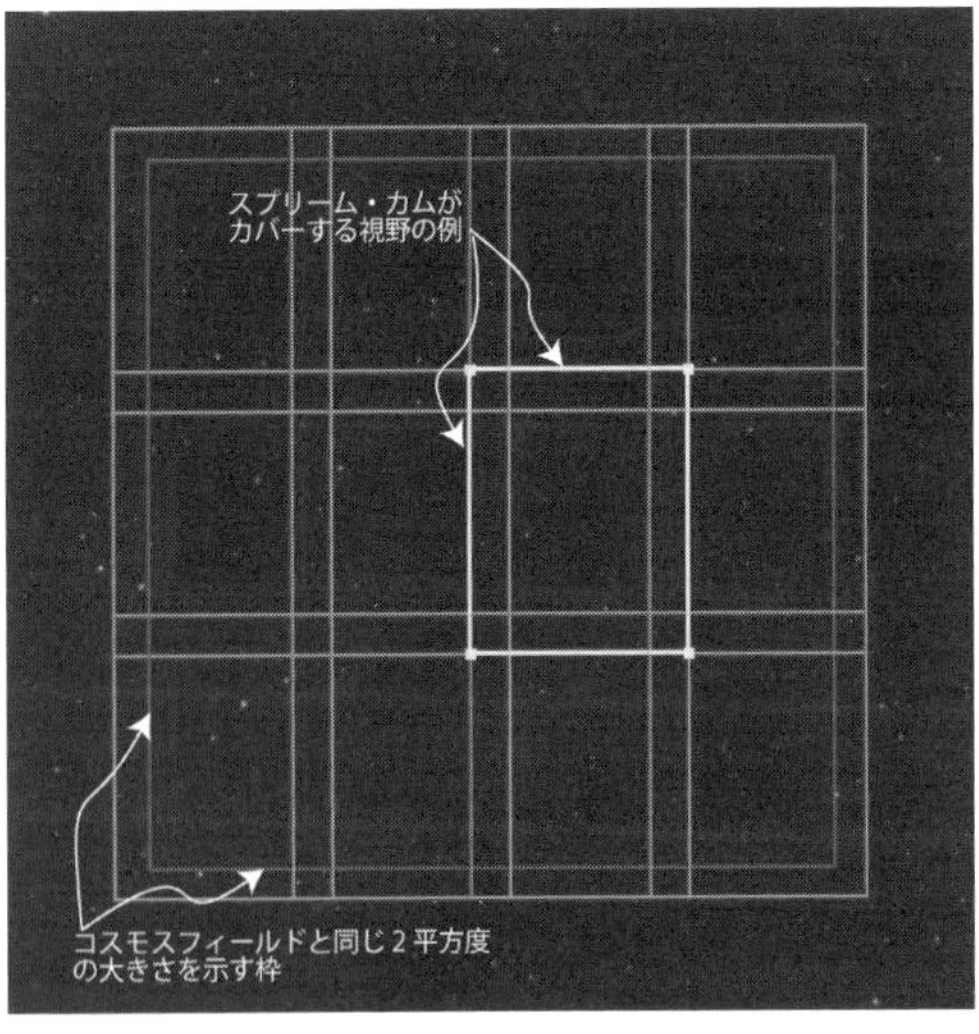

図1-5　コスモス・フィールドと同じ2平方度の大きさを淡いグレーの外枠で示してある．スプリーム・カムのカバーする視野の一例を内側に示した小さめの枠で示してある．2平方度をゆとりを持ってカバーするには，横方向に4回，縦方向に3回カメラを動かして観測するのがよいことがわかる．（提供：安食優［東北大学大学院理学研究科］）

度角である。９回の観測でコスモス・フィールドをカバーすることができる。しかし、ゆとりをもってカバーしようとすると12回の観測でカバーするほうが良い。27分角しかない方向を４回で観測するのである（図１-５）。

これは結構大変な観測になると思った。通常のスプリーム・カムの観測では、その視野の広さもあり、一箇所だけに望遠鏡を向けて撮像するだけである。複雑なことは何もない。しかし、12回のショットを繋げて大きな視野のイメージデータを取るのは、やはり大変なことである。しかも、ある程度観測時間をかけてデータを取らなければ、遠方の暗い銀河は写らない。いったいどれだけの観測時間が必要になるのか？　これはコスモス計画の目的にかなう観測目標によって決まることである。デーブの連絡を待つしかない。

デーブから電話があった日から数日後。まずニックからメールが来た。コスモス・フィールドの観測にすばる望遠鏡をぜひ使いたい。チームの意思が決まったのである。そしてデーブからもメールが来た。すばる望遠鏡の観測計画に参加するメンバーが決まったのである。

ニック
デーブ
バーラム (Bahram Mobasher)
ハーベ (Herve Aussel)

デーブとハーベとは数年前にヨーロッパ宇宙機関（ＥＳＡ＝European Space Agency）の打ち上げた赤外線宇宙天文台（ＩＳＯ＝Infrared Space Observatory）の赤外線ディープサーベイ（赤外線深宇宙探査）の時からの知り合いである。ニックとは直接一緒に仕事をしたことはなかったが、色々な天文台で会ったり、研究会で一緒になったりと、顔見知りである。バーラムだけは名前を知っているだけで、面識はなかった。

とにかく、私を含めてどういう観測戦略ですばる望遠鏡を利用するかを決めよう、ということになった。観測提案申し込みまではもう一週間しか残されていない。使うフィルターをどうするか？　観測時間をどう配分するか？　それほど決めるべきことが多いわけではなかったが、できるだけ早く決断して、提案書を書き上げなければいけない。その日から忙しい日々が始まることになった。

4　二〇〇三年　四月　その四

まず、フィルターの選択である。ＨＳＴのＡＣＳによる撮像では*I*８１４フィルターのみが使われる(7)。可視光帯は４００ナノメートルから１０００ナノメートルの波長帯をカバーするので、*I*

814フィルターはかなり赤い波長帯である。HSTの観測がこのフィルターのみで行われるのには2種類の理由がある。

第一の理由は先にも述べたように、コスモスフィールドを観測するのに625ショットも必要であり（図1-2参照）、とてもたくさんのフィルターを使った観測はできないからである。HSTの観測時間は他の望遠鏡でも事情は同じだが、大変に貴重である。コスモス計画が大事な計画だからといって、HSTの観測時間を占有するわけにはいかない。したがって、どれか一つのフィルターを選ぶ必要があるということである。

第二の理由は、ACSカメラでなるべく多くの銀河の撮像データを取得することである。コスモス計画では*I*814フィルターでの限界等級を27・2等に設定した(8)。2平方度をこの限界等級まで観測すると約200万個の銀河が写ると期待されている。これらの銀河までの距離は、もちろん銀河ごとに異なっている。宇宙の大規模構造の進化の様子を探るためには、まさにいろいろな距離にある銀河を調べる必要がある。赤方偏移のために、遠方の銀河ほど観測される波長が長い（つまり、赤い）方にずれ込んでくる。大規模構造形成で重要な時期は宇宙誕生後20億年くらいから100億年である(9)。地球から観測すると、数十億光年から百億光年

（7）フィルターの透過波長帯の重心波長が814ナノメートル(nm)で帯域幅が約100nmの広帯域フィルター．可視光帯の波長はオングストローム（Å）で表されることが多いが，最近ではnmも多く使われる：ちなみに1 nm＝10 Åである．

（8）本稿ではAB等級システムを採用する．ここでの限界等級は10 σレベルである（σは標準偏差）．

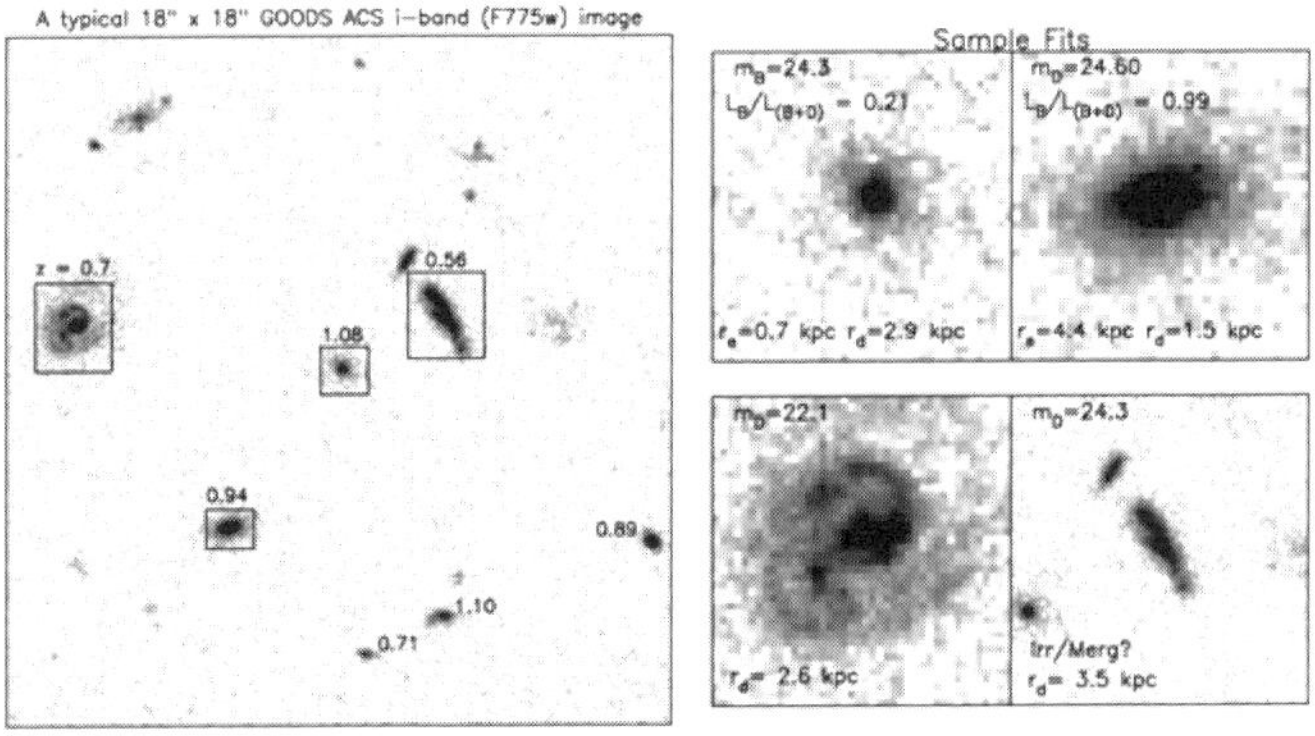

図 1-6　GOODS－S 天域で撮像された遠方の銀河（コスモスで採用された *I* 814 フィルターではなく，775nm に重心のある *I* フィルターを用いて撮影されている）．銀河の形態が十分な制度で議論できるデータになっている．（提供：Bahram Mobasher 博士 [STScI]）

彼方の銀河を調べることが必要である。赤方偏移（*z*）でいうと、0・2～2ぐらいの範囲が重要になる。もちろん、宇宙を調べ尽くすという意味では、もっと大きな赤方偏移の宇宙にある銀河もターゲットに入る。赤方偏移が5～6の銀河も、できれば観測したい。これらの遠方の銀河も見逃すことなく観測するには、できるだけ赤い波長帯で撮像することが必要になる。実はこの理由で *I* 814 フィルターが選ばれたのである(10)（図1-6参照）。

では、すばるでの観測はどうするか？　当然、*I* バンド以外のフィルターの使用が望ましい。できるだけ

（9）本稿では 2000 年代に活躍した宇宙マイクロ波背景放射探査機 WMAP による最近の宇宙パラメータに基づき，宇宙年齢を 137 億年とする：$\Omega_m = 0.3$，$\Omega_\lambda = 0.7$，及び $h_0 = 0.7$.

（10）さらに波長の長い *Z* 850 フィルターと呼ばれるものも ACS 用にあるのだが、*I* 814 フィルターの方が今までの実績がたくさんあるので、結局 *I*814 フィルターがされた。

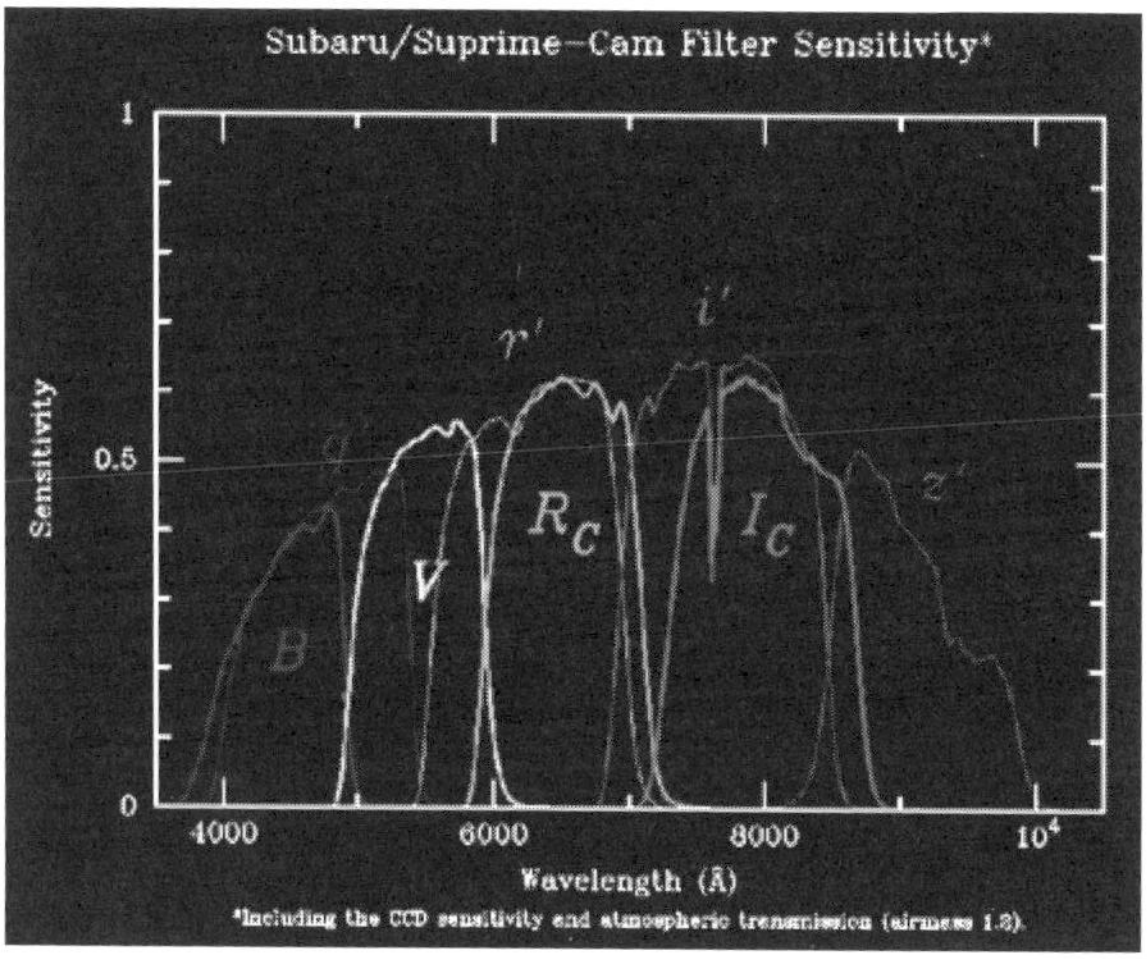

図 1-7　すばる望遠鏡のスプリーム・カムで使える広帯域フィルター．ジョンソン・システムが *B*，*V*，*Rc*，及び *Ic*，SDSS システムが *g'*，*r'*，*i'*，及び *z'*．（提供：村山　卓［東北大学大学院理学研究科］）

色々な波長帯でデータを取得することが、銀河の性質の理解につながるからである。すばる望遠鏡のスプリーム・カムで使える広帯域フィルターは8種類用意されている（図1-7）。ジョンソン・システムと呼ばれるフィルター・システムのものが*B*、*V*、*Rc*、及び*Ic*、SDSSシステム(11)が*g'*、*r'*、*i'*、及び*z'*。これらの中から何を選ぶか？ それが問題だった。

できるだけ可視光全域をカバーする方が良いのはもちろんである。もう一つの判断はジョンソン・システムか、SDSSシステムか、ということである。コスモス・フィールド

(11) SDSS = Sloan Digital Sky Survey　スローン・ディジタル・スカイ・サーベイ．スローン財団の援助を受けて行われている，CCD カメラによる北天（2014 年からの第 IV 期観測以降は南天も）のスカイ・サーベイ．

はＳＤＳＳが探査した天域の中に含まれている。そのためＳＤＳＳフィルターシステムを採用しておくと、あとで色々な比較がしやすいというメリットがある。コスモス計画の方が4等級以上深いサーベイであるが、両方のサーベイで共通に撮像されている銀河や星があれば、比較できるからである。このメリットを生かすために、ＳＤＳＳシステムを選択することにした。i'に近い波長帯はI８１４でＨＳＴで撮影するので、残りのg'、r'、及びz'を選ぶことにした。

あとは、どの程度深く撮像する必要があるかである。ＨＳＴのＡＣＳによるI８１４は２７・２等の天体まで検出する。そうなると、これにある程度深さをあわせておいた方が良い。そこで、g'とr'では目標を27等とし、z'では２５・５等とした。z'で浅めなのは致し方のないことである。地上の天文台で観測する場合、地球大気の放射光がノイズになる。特に波長が長い方に影響があり、z'では時間をかけても、あまり深い観測ができないのである。

フィルターが決まり、目標とする限界等級も決めた。あとはコスモスの2平方度の天域を観測するのにどれだけの時間が必要なのか。それを検討すればよい。さっそく検討してみると80時間という答えが出た。一晩当たりに観測に使える時間はだいたい8時間である。つまり、80時間は10晩の観測を意味する。これは大変である。

「インテンシブか……」

私はそうつぶやいた。

すばる望遠鏡の共同利用観測は、一つのプログラム当たり、最大５晩までとなっている。しかし、特別枠があり、最大10晩までの観測が許されている。インテンシブ・プログラムと呼ばれているのがそれだ。こちらは通常の共同利用観測より多くの観測時間を使うので、そのぶん審査が厳しい。また、観測計画の説明も通常の計画が２頁であるのに対し、インテンシブでは５頁になっている。さらに審査ではヒアリングがあることになっている。要するに、面倒で、採択されにくく、大変つらい。それがインテンシブ枠なのである。いやはや、……

しかし、乗りかかった船である。ニックとデーブにさっそく事情を説明するメールを打った。直ぐに返事が来た。

「ヨシ、インテンシブで行こう！」

5　二〇〇三年　四月　その伍

結局、インテンシブ枠での挑戦ということになった。問題は締め切りまで、あまり時間がないということだった。さっそく、ニックから色々な資料が送られてきた。ＨＳＴへ提出した提案書、ニックがセミナーで話をした時に使った資料、などなどである。

その中でもＨＳＴへの提案書はやはり特筆に値するものであった。気合十分。これでもかとたたみかける文章術。そしてわかりやい表や図。みならうべきことがたくさんあった。もちろん私たちも観測提案書を書く時には、それらのことに気を使っている。しかし、やはり経験の差なのだろうか。レベルが違う、というのが第一印象ではあった。

ただ、そう感傷に浸っているほど暇はない。とにかく、提案書を仕上げなければならない。ざっと3日間。これが残された時間である。インテンシブ枠の提案書は、一般の提案書と違い、研究計画の説明部分に5頁を割くことができる。ＨＳＴへの提案書を参考にして、とにかく大急ぎで仕上げた。ニックや皆の意見を聞いて、さらに修正をかける。皆の懸命の努力もあり、無事最終版が仕上がった。締め切りの日のことである。

電子メールで投稿を済ませる。ほっと一安心の瞬間である。あとは、文書版をその日の消印有効で郵送すればよい。やれやれである。しかし、とんでもない落とし穴が待っていた。色々と手伝ってくれていた長尾透君(12)が、とある一文を発見したのである。

「先生、大変です」

「なあに？」

「インテンシブは日本語訳も必要だって書いてあります！」

(12) 当時，日本学術振興会特別研究員 DC3 で，その後，同研究員 PD (ポストドクター)，イタリアのアルチェトリ天文台の研究員などを経て現在，愛媛大学宇宙進化研究センター教授.

「ゲッ！　何それ？」

「ほら、ここです」

なるほどＷｅｂの説明を読むと、確かにそう書いてある。私たちは提案書をもちろん英語で書いていた。ニックらと一緒の仕事である。日本語の提案書を書く意味は特にない。しかし、である。規則は規則。

消印有効にするためにはあと3時間。私と長尾君は提案書の説明部分を半分に分け、それぞれマッハのスピードで日本語にしていった。なんだか意味のあるようなないような作業ではある。しかし、私たちのスピードは確かにマッハだった。あっという間に片付けて、コピーをつくり、郵便局へと長尾君がゲンチャリで向かった。この時もマッハだったかどうかは定かではない。しかし、何とか間に合った。長尾君のおかげである。

しかし、冷静になって考えてみると、なんだかおかしい。どうして日本語訳などが要るのだろうか？一般枠の提案書は英語が正本であり、日本語訳はあってもなくても良いのである。なんでインテンシブだけが……

この疑問はいまも解明されていない。

とにかく、こんな感じで始まった。コスモスな日々。この先、いったいどうなるのだろう？

第2話　インテンシブ・プログラムの〝壁〟突破に成功

6　二〇〇三年　五月　静かなる日々、再び

ようやくすばる望遠鏡の観測計画を出し終え、静かな日々が戻った。観測提案の締め切り前は、いつも大変である。しかし、今回はさらに大変であった。特別なことがなくても忙しいのに、土壇場でインテンシブ枠の提案書を書き上げなければならなかったからである。しかも、HSTのトレジャリー提案である「コスモス計画」とタイアップする、とてつもなくビッグな提案である。

私も国際共同研究プロジェクトの経験はある(13)。しかし、これほど急いで仕事をした

(13)「天文月報」1998年91巻，9号，413頁「7ミクロンの物語」と「天文月報」1998年91巻，11号，528頁「850ミクロンの物語」を参照.

ことはあまりない。今回は共同提案者が顔見知りだったこともあり、阿吽《あうん》の呼吸で提案書を仕上げることができたように思った。また一つ良い経験を積むことができたのだろう。

　とにかく締め切りに間にあった。最初のステップはクリアできたことになる。時は五月。穏やかな日々である。北の地、仙台でも暖かな日々が多くなる。バルコニーの花木も、楽しそうである。にわか庭師としての幸せな日々が戻った。

　このあと、すばる望遠鏡関係では、二ヶ月間は何もない。七月中旬に書類審査が終わる。この段階で落とされれば、それでおしまいである。これに残れば、ヒアリングが待っている。そしてこのヒアリングをパスすれば、ようやく採択ということになる。一般の観測提案は最初のステップで審査が終了するが、インテンシブ枠は二段階審査ということになっている。たくさんの観測時間を要求するのだから、審査が慎重になるのは当然である。

7　二〇〇三年　七月

七月も中旬になり、そろそろ審査結果が気になる頃になった。ニックやデーブからも「いつ頃？」

というメールが来るようになった。そんなある日、吉報が届いた。書類審査をパスしたのである。今度はヒアリングの準備をしなければならない。さっそく、ニックらに連絡をとる。ニックからは
「俺のパワーポイント・ファイルを送るから、それをもとにチューンしたらどうか」
といってくれた。送られてきたファイルを見ると、整然とCOSMOS計画の内容が示されている。ニックらしい無駄のないプレゼンテーション用資料だ。これがあれば大変助かる。ニックの優しさに感謝した。

ヒアリングは七月下旬、吉日に決まった。吉日と言ってしまうあたりが、既に戦闘モードに入っているという感じだ。ヒアリングに何件残っているかはわからない。しかし、私たちの提案は最大10晩を要求することで申し込んでいる。私たちの提案が通れば他の提案は通らないだろう。しかし、その逆のケースもある。とても楽観できるような状態ではない。それだけは確かだった。

ヒアリングは30分。まず15分で観測提案の説明をし、残り15分が質疑ということになる。15分というのは短い。ニックのパワーポイントファイルはコスモス計画の全体を説明するもので、スライドの枚数は30枚近くあった。まず、これを半分以下に削らなければならない。そのあとで、今回のすばる望遠鏡の観測提案の内容を加えればよい。

・なぜ、すばる望遠鏡か?
・なぜスプリーム・カムか?

・そして、なぜインテンシブか？

それらが整合的にまとまっていればＯＫだ。

ニック、デーブ、バーラム、ハーベらと連絡をとりながら、準備は順調に進んだ。そして、ヒアリングの日がやってきた。夏真っ盛りの頃である。

場所は国立天文台、すばる解析棟の会議室。その向かいにある待合室に入ると、Ｂさんがいた。そこにＢさんがいるということは、Ｂさんもインテンシブ枠の観測提案を提出し、書類審査をパスしたということだ。つまり、Ｂさんとの戦いになるということだ。

Ｂさんも察知したらしい。

「えっ！　谷口さんですか」

「えっ！　Ｂさんですか」

「こんなところでは、あまり会いたくないですね」

「いやあ、全く……」

そんな感じで、お互いに仁義を切ったのは言うまでもない。

Ｂさんは私の尊敬する研究者だ。望ましい状況ではない。どうも他には人が見あたらないので、ヒアリングに残ったのは二件、ということらしい。ヒアリングの順は、Ｂさんが先で、私がその後。いよいよ決戦の火蓋が……というわけでもないが、ヒアリングが始まった。

30分の予定だったBさんのヒアリングは10分ほど長引いた。そして、いよいよ私の番がきた。会議室に入ると、TAC(14)の委員の方々と、すばる望遠鏡共同利用担当の方々が並んでいた。その中でプレゼンを行う。15分のトークが始まった。

・・・・・・・・・・・・

・・・・・・・・・・・・

・・・・・・・・・・・・

・・・・・・・・・・・・

ということで、無事私のヒアリングが終わった。なんと一時間三〇分にも及んだ。長い、長いヒアリングだった。

しかし、それは何か秘密の相談をしたということではない。要点だけをまとめると、以下のようになる。

「コスモス計画にすばる望遠鏡が参加することの意義は非常に大きい。できるだけ、日本の光・赤外（線天文学）コミュニティーのプラスになるように、プロモーションしたらよいのではないか。ハワイ観測所も、このプロジェクトを支援するのがよいだろう」

これはたいへんありがたいお話であった。確かに、コスモス計画は非常にビッグである。実際、すばる望遠鏡への観測提案もインテンシブ枠での申し込みとなった。しかし、すばる望遠鏡を

(14) Time Allocation Committee の略（すばる望遠鏡の観測時間を決める委員会).

使っていろいろなサイエンスを展開したい方はたくさんいる。それなりの判断をしなければインテンシブは通せない。それにもかかわらず，ＴＡＣの方々には非常に前向きなご議論をしていただいたことになる。

大きな励ましをいただいて，仙台への帰路についた。仙台駅に着いたのはもう夜の10時頃である。はたして自分たちの観測提案は通るのだろうか。夜も更けてくるとあまりいいことは思いつかない。

「責任は重いなあ」

もう，そんな一言しか頭には浮かばなかった。きっと疲れていたのだろう。

8　二〇〇三年　八月

八月下旬。待っていた知らせが届いた。

「10晩の観測時間を与える」(15)

いわゆる満額回答である。これはすごい。ただちにニック，デーブ，バーラム，

(15) プロポーザル ID 番号＝ S03B-239 “Suprime Cam Imaging of the HST COSMOS 2-Degree ACS Survey Deep Field”．このプロポーザルに参加している日本人は私のほかに，海部宣男国立天文台長，唐牛宏国立天文台ハワイ観測所長，岡村定矩，有本信雄，小宮山裕，安食優の各氏である．11 月のニューヨーク会議以降は宮崎聡氏が加わった．また，私のグループの村山卓，塩谷泰広，長尾透，角谷涼子，佐々木俊二の各氏も参加している．

そしてハーベにメールを打った。返事もすごかった。

"Fantasitic !!!!!!!!!!!!!!!!!!!!!!!!!!!!!!!!!!!!!!!"

これはニックからの返事の全てである。はたして何個の！があったのか記憶にない。とにかく、皆大喜びだった。私にとっては二回目のインテンシブ枠の提案採択になった(16)。

その一週間後に、もう一つニックからメールがきた。

「ヨシ、

このメールはオフィシャルだ。

おまえをコスモスの正式メンバーに入れることが決まった。

みんなで相談して決めたことだ。

あとから、ＳＴＳｃＩ（宇宙望遠鏡科学研究所）から正式な連絡がいく。

ニック」

さすがにこのメールには呆然とした。全く予想もしていなかったことである。すばる望遠鏡がコスモス計画に参加できるだけでも十分過ぎるほど幸せである。まさか、ＨＳＴのトレジャリー・プログラムのオフィシャル・メンバーになれるとは思ってもいなかった。

私がやったことといえば、コスモス計画に関連して、観測提案を一つ通したに過ぎない。

(16) インテンシブ枠の観測提案が可能になった最初のセメスター S02A 期に「z = 5.7 と z = 6.6 のライマン α 輝線銀河の探査」で採択されたことがある（S02A − IP02）. これについては「天文月報」2004 年 11 月号に記事がある：「赤方偏移 6 を越える宇宙へ」谷口義明.

この頃はそう思っていた。しかし、すばる望遠鏡の観測には特別な意味がある。スプリーム・カムは世界に通用するカメラなのである。ニックはこの段階で既に感じていたのである。

「すばるの観測が一つの鍵になる」

ほどなくＳＴＳｃＩから連絡が来た。そして、ＨＳＴコスモス計画の正式なメンバーになった。大変名誉なことである。「望外の幸」という言葉がある。おそらく、このようなことをいうのだろう。そう思った。

この日から、さらにプレッシャーは高くなった。

9　二〇〇三年　九月　その壱

すばる望遠鏡がコスモス・プロジェクトに参加する。これはやはり凄いことである。ＴＡＣの方々は当然そのことを深く認識されていた。ヒアリングの時のコメントを再び書こう。

「コスモス計画にすばる望遠鏡が参加することの意義は非常に大きい。できるだけ、日本の光・赤外コミュニティのプラスになるように、プロモーションしたらよいのではないか。ハワイ観測所も支援するのがよい」

この約束を果たすべく、私はTENNET（日本天文学会に届くメール・システム）を使わせていただき、今回の事情説明をさせていただいた。またこのプロジェクトに関心をお持ちの方がいれば連絡をしていただき、いろいろな形でこのプロジェクトに参加してもらうように配慮することにさせていただいた。

その結果、10名を越える方々から連絡をいただいた。必ずしも、全ての方々との共同研究の展開は難しいだろう。しかし、多くの方々に関心をもっていただいていることだけは確かだった。このプロジェクトの重要性を理解して下さり、また関心を寄せられる人がいる。

「是が非でも成功させる」

私は密かに心に誓った。いや、そう誓わざるを得なかった。

10　二〇〇三年　九月　その弐

インテンシブ観測提案が採択されたおかげで、私の周りで「コスモス」が動き出した。

九月一六日。この日はコスモス・チームのテレコンがあった。テレコンとは「テレホン・カンファレンス」の略でまさに電話会議である。テレビ会議とは違う。何人もの参加者が電話でチャットするシステム。それがテレコンである。

開始時刻はカリフォルニアの午前八時。ヨーロッパでは夕方になるので、米欧だけならリーズナブルな時間設定になる。ただ日本人にとっては、ありがたい時間ではない。カリフォルニアと日本ではマイナス16時間の時差がある。日本では真夜中になってしまうのである。

ニックはまさにボス肌の人間だ。彼はさりげなくいろいろなことに配慮している。彼はこう言ってくれた。

「ヨシ、お前にとってテレコンの時間帯は最悪だ。

無理しなくてもいいぞ」

この日のテレコンは、私にとっては九月一六日の24時（一七日の0時というべきか）開始になる。もう、疲れている時間帯である。しかし私は参加することにした。

私には良い友人がいる。ＡＬＭＡ計画の推進で活躍している長谷川哲夫氏（国立天文台）である。彼とは同期だ。テレコンの前に彼に電話した。彼は躊躇することなく言ってくれた。

「谷口。お前、それは参加しなきゃだめだよ。

確かに、テレコンは顔の見えない電話会議だから大変だよ。

しかも、日本人にとってはまともな時間に行われることはないさ。

でも、国際共同プロジェクトじゃ、テレコンは日常茶飯事。

真夜中でもしょうがない。

俺も苦労しているよ。　　　　　　　　　　お前も頑張れ」


私は幸せだなと思った。こういう大事なサジェスチョンをさりげなく言ってくれる友達がいる。努力する。つまるところ、これしかないのだなと思った。

そしてテレコンは始まった。ニックには参加すると言っておいた。テレコンにコール・インする。ピッという電子音がして、会議に入る。会議は既に始まっていた。コール・インの電子音は参加している人、全員に聞こえる。ニックの声が聞こえた。

「みんな、チョッと待て。今、誰かコール・インした。

誰？」

当然これは私に投げられた問だ。

「ヨシ　タニグチ、ハロー　ニック」

その瞬間、複数の声がした。

「ハイ　ヨシ」

私はコスモス・プロジェクトのオリジナル・メンバーではない。すばるの観測時間をとったことで、途中から参加したことになる。正直なところ、どんな感じでこのプロジェクトに入り込んでいくのか良くわからなかった。このときもそうだった。しかし、チームの中に知り合いがいるのは心強い。とりあえずは、コスモス・チームの中に入れてもらえたように感じた。

ニックが簡単にすばるのインテンシブ観測提案の話をした。そして私がオフィシャルメンバーになったことを報告した。私はそれに簡単な補足を加えればよかった。すばる望遠鏡の観測が始まる。要するに、それだけで良かったのである。

この日から、私の中で本当の意味でコスモスが始まったような気がした。

11　二〇〇三年　一一月　その壱

コスモス・プロジェクトの目玉は広域ディープサーベイである。探査する視野は２平方度。これはすばる望遠鏡のスプリーム・カムにとっても広い。スプリーム・カムは１回の観測で34分角×27分角の視野の観測ができる。お月様１個分をカバーできる。２平方度は１・４度角×１・４度角の視野なので、お月様9個を3×3で並べた視野に相当する。この視野を観測するのはやはり大変な作業になる(17)。

どうやってコスモス・フィールドを観測するか。いろいろ思案を重ねていた。観測は二〇〇四年の一月に始まる。しかし、観測の戦略は早めに検討しなければならない。これは当然なのだが、早めに戦略を固めなければならないもう一つの理由があった。コスモス・プロジェクトのチーム・ミーティングが一一月に予定されていたからだ。この時に、基本戦略を決める。それが必須だったのである。

このミーティングにはコスモス・プロジェクトの正式メンバーと彼らのポスドクや大学院生が参加する。このミーティングでは、現状の整理、今後予定されている観測の戦略、これから提案する観測計画、サイエンスの強化などの全てのことが議論される。チームにとっては大切なミーティングになる。

この年のミーティングは一一月一〇日から一二日の三日間に設定された。場所はニューヨーク。当然のことながら、私も出席するようにニックからお達しが来た。これまでアメリカ東海岸にはあまり縁がなかった。ボルティモアとワシントンDCしか経験がない。なんと初めてのニューヨーク行きとなった。

南米チリの天文台、大西洋のカナリア諸島、アルメニア共和国。今まであまり日本

(17) すばる望遠鏡のスプリーム・カムを用いた広視野サーベイでは，観測所プロジェクトの一つである「すばる-XMM ニュートン・ディープ・サーベイ（Subaru-XMM Newton Deep Survey = SXDS）」がある．SXDS のサーベイする視野の広さは 1 平方度である．コスモスは SXDS の 2 倍の視野をサーベイすることになる．

人が行かない場所には行ったことがある。しかし、なぜか、あのニューヨークとは無縁だった。

ＪＦＫインターナショナル。コスモス・プロジェクトのおかげで、何となく憧れていた空港に降り立つチャンスがやってきた。

12　二〇〇三年　一一月　その弐

一一月八日。ミーティングは2日後の一〇日から始まる。デーブたちとの事前打ち合わせ。そして、時差ぼけの解消。東へ大きく移動する時は、できれば1日のバッファをとって対処した方が良い。会議で集中力を発揮するためである。そのため、会議の前日ではなく、もう1日前にニューヨーク入りした。

初めてのニューヨーク。なんだかいいものである。マンハッタンに行くのだ。あの橋を渡るのだ。あの橋を渡って世界に近づくのだ。などと思ってしまう。不思議な街である。

ＪＦK空港から乗ったスーパーシャトルでホテルに向かう道すがら、少しだけ感慨にふけることができた。しかし、この感慨は田舎者丸出しのようにも思った。まあいい。所詮、こんなものである。

図 1-8　アメリカ自然史博物館の通用口．正式な入り口は 81 番街にある．この通用口は 77 番街にあり，主として博物館のスタッフと出入りの業者が使うことになっているものである．一般の方々は出口としては使えるが，ここから博物館に入ることはできない．コスモスのチーム会議はこの通用から入ってすぐのリンダー・シアターで行われた．そもそも私たちは一般客ではないこともあり，この通用口を使うことになっていた．

図 1-9　アメリカ自然史博物館の天文学者，ニール・タイソン博士．彼はもちろんコスモス・プロジェクトのオフィシャルメンバーであり，このニューヨーク会議のホストを務めてくれた．陽気なナイスガイであり，彼にプラネタリウムの解説をやらせたら，誰も勝てないと思うほど凄い．

今回の会議の開催場所はアメリカ自然史博物館である（図1‐8から図1‐12図をお楽しみ下さい）。セントラル・パークの西にある。ホテルにチェックインしてから、散歩がてら見物に行く。西

77番街から西81番街までぶち抜きの巨大な博物館の姿に驚いた。まさに歴史ある建物だ。

この歴史ある場所で、コスモス計画の会議が行われる。なぜか、とてもリーズナブルのように思えた。「昨日」と「明日」は「今日」で結ばれている。「明日」のコスモスのために、「昨日」の博物館で会議をする。ニックもや

図 1-10　2003 年のコスモスチーム会議でのスナップ．右から，アントン・コークモア (Anton Koekmore：STScI)，J．マック (Juduth Mack：スコビル教授の秘書)，D．サンダース (Dave Sanders：ハワイ大学) 教授，そして著者．はて，いちばん後ろは誰でしょう？　そうです．ダイノサウルス（＝恐竜）です．

図 1-11　アメリカ自然史博物館の天文学部門の秘書エリザベス (左)．ニックの秘書ジュディス (右)．エリザベスは図 1- 8 の写真を撮影してくれた．

図 1-12　アメリカ自然史博物館の中のジュラシック・パークの世界．間近で見ると結構怖い．

るな、と思った。

13 二〇〇三年 一一月 その参

そして一〇日。「コスモス」の会議が始まった。出席者は約50名。私が個人的に知っている人たちは2割ぐらいだろうか。残り8割の人とは面識がない。どんな感じで会議が始まるのだろうか。少し胸がわくわくした。

「コスモス」は宇宙の大規模構造の形成と進化をメインに設定しているプロジェクトである。プロジェクトをうまく進めるためにはいろいろな波長帯での観測が重要になる。可視光や近赤外線だけではない。電波、紫外線、X線、そして理論。さまざまなジャンルから研究者が集められている。ニューヨークは人種の坩堝《るつぼ》と呼ばれる。コスモス・プロジェクトも然りであった。

会議が始まるとすぐにわかったことがある。やはりニックはボスだった。私たちはコスモス・プロジェクトを遂行するために集められた研究者である。しかし、いろいろな波長帯の観測者と理論研究者がごちゃまぜである。コミュニケーションは必ずしも全てのメンバーの間で深いわけではない。だから、ニックは言った。

「まずは、自己紹介だ。名前と所属。それから最も関心のあるサイエンス・テーマを言え」

これは良いアイデアだ。チームとして成立させる。そのためにはメンバー各人を理解することから始まる。なんだか、とても楽しそうなチームになると思った。

日本人の私には嬉しいことがあった。私の他にも二人の日本人がこの会議に出席していたからだ。その一人は国立天文台ハワイ観測所の宮崎聡氏だ。彼はスプリーム・カムを作った生え抜きの研究者だ。ＣＣＤカメラを語らせれば、彼の右に出るものはいない。しかも、彼は「弱い重力レンズ効果」を利用した宇宙の質量分布の研究の第一人者の一人である。宇宙の大規模構造の進化を調べる時に、質量の大半を担うダークマターの空間分布とその進化を調べることは極めて重要である。彼のスキルを期待して、コスモス・プロジェクトのメンバーであるカリフォルニア工科大学のエリス（R. S. Ellis）博士が宮崎氏を招聘したのである。

もう一人は幸田仁氏だ。彼は当時、日本の学術振興会の研究員として、ニックのもとでポスドク研究員をしていた。彼の本業は比較的近傍の銀河の星間物質の研究である。東京大学の祖父江義明氏のもとで学位をとった秀才である。ニックは幸田氏の才能にほれ込み、コスモス・プロジェクトでの活躍を期待しているのだ。

ニューヨークで彼らと再会できた。なんとも嬉しい話である。幸い二人とも、既に付き合いのある方たちだ。心強い仲間がいる。日本人が「でしゃばり」になったのか、世界が狭くなったのか、それはよくわからない。しかし、気が付けば友がいる。国際プロジェクトも、少しは気楽にできる時代になったのだと思った。

14　二〇〇三年　一一月　その四

いよいよ会議が始まった。すばる望遠鏡がコスモス・プロジェクトへ参入する。その意味はどの程度のものなのかをまず判断しなければならない。私たち日本人にとっては、すばる望遠鏡はまさに「宝」であり、そのデータのすごさは身にしみてわかっている。しかし、世界の人々がそう思っているかは自明ではない。そのあたりの判断が重要になると思った。

会議は進む。そのうち、私は少しずつではあるが違和感のようなものが私を取り巻いているように感じ始めていた。ＨＳＴのデータ。それはやはり神の領域のデータであり、それが全ての出発点になっている。つまり、コスモス・プロジェクトのメンバーにとって、可視光帯の撮像観測はＨＳＴの撮像観測を意味するからだ。波長帯を問わず、可視光帯のデータとしてリファレンスにしているのはＨＳＴのデータなのである。ようするに、こういうことである。

「可視光でも近赤外線でも、銀河の形態を調べるのであれば、ＨＳＴのデータを使うのが王道である。地上の天文台でのデータをその目的のために使ってはいけない」

彼らにとってはこれが標準的な考え方なのである。これはちょっとしたカルチャーショックであった。日本人の研究者でＨＳＴに依存して研究展開をしている人は皆無である。そして、今や、すばる望遠鏡の時代だと思っている。それが日本標準である。しかし、これは国際標準ではない。

「地上の天文台で銀河のイメージを調べて何になるの？」

クールな意見だが、正直なところ、これが国際標準なのである。

コスモス・チームは国際標準以上の天文学者の集団である。当然、みんなこのように思っている。

しかし、コスモス・プロジェクトで撮像する視野はあまりにも広い。そのためHSTでは*I*バンドの撮像しかできない。これだけでもHSTの2年間の観測時間の10%を使うのである。止むを得ず、*I*バンド以外の可視光帯のデータは地上の天文台で撮る。スタンスとしてはこんな感じなのである。

ものの考え方や感じ方。それは本当にいろいろあるものだ。私はそんな温度差を感じながら、この後たくさんのことを学ぶことになる。しかし、このときはまだ、戸惑いを隠せない状況の中で、スプリーム・カムの観測について議論せざるを得なかった。コスモス・チームの中にあっては、私はまさに駆け出しの天文学者でしかなかった。

しかし、特に不満はなかった。逆に、コスモス・プロジェクトから多くのことを学べるように思ったからである。私個人のみならず、多くの方々にフィードバックできることが得られる予感があった。プライド？ そんなものは既にアロハの海に捨ててきている。私には失うものは何もなかった。

15 二〇〇三年 一二月

二〇〇三年も暮れようとしている。この年の正月。それは静かな正月だった。しかし、コスモス・

プロジェクトの参加で、振り返ってみればとんでもなく忙しい1年になってしまった。

二〇〇四年の新しい春を迎える。

「世の中に　コスモス計画なかりせば　春の心は　のどけからまし」

などと言いたくなるような年の瀬になった。しかし、これも毎度のことである。考えてみれば、心豊かな年末を送ったことなど記憶にない。また修羅場が始まるのだろう。そのときは、何気なくそう思った。

このとき、波乱万丈の観測がすぐそこに待っていることなど、夢にも思わなかった。ドラマチックでスリリング。怒涛の観測が二〇〇四年一月から始まった。

第3話　一平方度、27等級銀河の撮像に挑む

16　二〇〇四年　一月　その壱

二〇〇四年。年が明けた。コスモス・イヤーの幕開けである。ＨＳＴ・ＡＣＳの観測は昨年一〇月に始まった。しかし、それは中心の81平方分角（９分角×９分角）領域を狙ったパイロット的な観測である。本格的な観測は二〇〇四年二月から始まる。

それに先駆け、コスモス・プロジェクトのスプリーム・カムの観測が一月から始まる。そして、ＶＬＴ（ヨーロッパ南天天文台がチリのアンデス山中に建設した四基の8・2メートル光学赤外線望遠鏡：Very Large Telescope）計画だ。ＶＩＭＯＳ（可視光多天体分光器）による分光サーベイは四月

から始まる。２年間で約６００時間を投入する。今年はＨＳＴ、すばる、ＶＬＴの揃い踏みになる。最先端の大型望遠鏡だけを使うのだから、ドリーム・プロジェクトとしか言いようがない。

その分、何だか落ち着かないまま新年を迎えた。当然である。とんでもない観測を控えているのである。失敗？　それは許されないだろう。成功。この２文字しかない。つらい二〇〇四年が始まったと思った。

じつは、スプリーム・カムの観測は私が考えていた以上に大切なコンポーネントになっていた。なぜなら、ＨＳＴ・ＡＣＳの二〇〇四年の観測（サイクル12）では、コスモスの2平方度全域を撮像できないのである。ＡＣＳの視野は3・3分角×3・3分角しかない。今年度に与えられた観測時間では中心の1平方度のマップしか得られない。今の時点でコスモス・チームが持っているコスモス天域の情報はパロマー天文台のディジタル・スカイ・サーベイのデータにつきる。しかしこのデータは撮像の深さが全く足りない。20等級どまりだからである。もし27等までの深さで見たら、コスモス・フィールドは可視光でどのように見えるのだろうか？　それは、まだ誰も知らないのである。

スプリーム・カムの観測が成功すれば、初めてコスモス・フィールドの状況が見えてくる。まったくとんでもないことになったものである。スプリーム・カムの観測の成否は、ある意味ではコスモス・プロジェクトの行方を決めかねない。

もう一度言いたい。まったくとんでもないことになった。すばるの観測の成否。タニグチは全ての責任を負う決意をした。

17 二〇〇四年 一月 その弐

スプリーム・カムを使うディープサーベイは私たちもかなり経験のあるほうである(18)。すばるディープフィールド（SDF）(19)の観測にも参加させていただき、多くのことを学んだ。

しかしコスモス・プロジェクトでやるスプリーム・カムの観測は一味違うように感じた。2平方度の広域ディープサーベイはスプリーム・カムの記録である。さらに拍車をかけるのがHSTとのタイアップである。ベストなアストロメトリー（位置精度）とフォトメトリー（測光精度）が要求される。これらを保障しながら、どうやって2平方度のコスモス・フィールドを観測すればよいか？　これにはかなり悩んだ。

フォトメトリーの方は天気次第のことなので、考えて何とかなるものではな

（18）Ajiki et al. 2002, 576, L25; 2003, AJ, 126, 2091; 2004, PASJ, 56, 597; Taniguchi et al. 2003a, ApJ, 585, L97; 2005, PASJ 57 in press (astro-ph/0407542); Kodaira et al. 2003, PASJ, 55, L17; などに報告がある．レビューとしては Taniguchi et al. 2003b, JKAS, 36, 123, Erratum, 283 をご覧いただきたい．日本語の解説としては谷口義明 他、2003, 天文月報，96, 34 ; 谷口義明 2004, 天文月報，97, 621 がある．

（19）SDF プロジェクトのアウトラインについては Kashikawa, N., et al. 2004, PASJ, 56, 1011.

い。しかし、アストロメトリーについては、あとで困らないようにデータを取得しておかなければならない。

ハーベは「ハーフ・アレイ・スペーシング」で、1回は2平方度を観測したほうがよいといった。その方法を図13に示す（私たちはこの方法を撮像パターンAと呼んでいる）。

スプリーム・カムは10個のCCDチップを並べたものだが、CCDの間には少しだけギャップがある。数秒角から15秒角のギャップである。この影響をなくすためにはスプリーム・カムを少しずつずらしてマッピングしていくことが必要になる。ディザーリング（dithering）というテクニックだ。

これを考慮して、2平方度の天域をハーフ・アレイ・スペーシングで埋めるには12ショット×4回で、合計48回の観測が必要になる。仮に1回の観測の積分時間を10分とし、データを読み込む時間が1分とすると、48回の観測に8・8時間かかる(a)。2平方度全体での有効積分時間(b)は8・8時間かけて、ようやく40分積分のデータが取れることを意味する。大変な観測である。

しかし、全部このやり方でやるのももったいない話である。このモードでは1回だけ行い、あとは少しでも有効積分時間を稼ぐ方法はないだろうか？　この要求に応え

(a) 48回分の観測にかかる時間は,
(1回分の観測時間＋1回分のデータ読み込みに要する時間) × 48
＝(10分＋1分) × 48 ＝ 528分＝ 8.8時間　となる.

(b) ハーフ・アレイ・スペーシングの手法で2平方度の観測天域を覆うに要する時間.

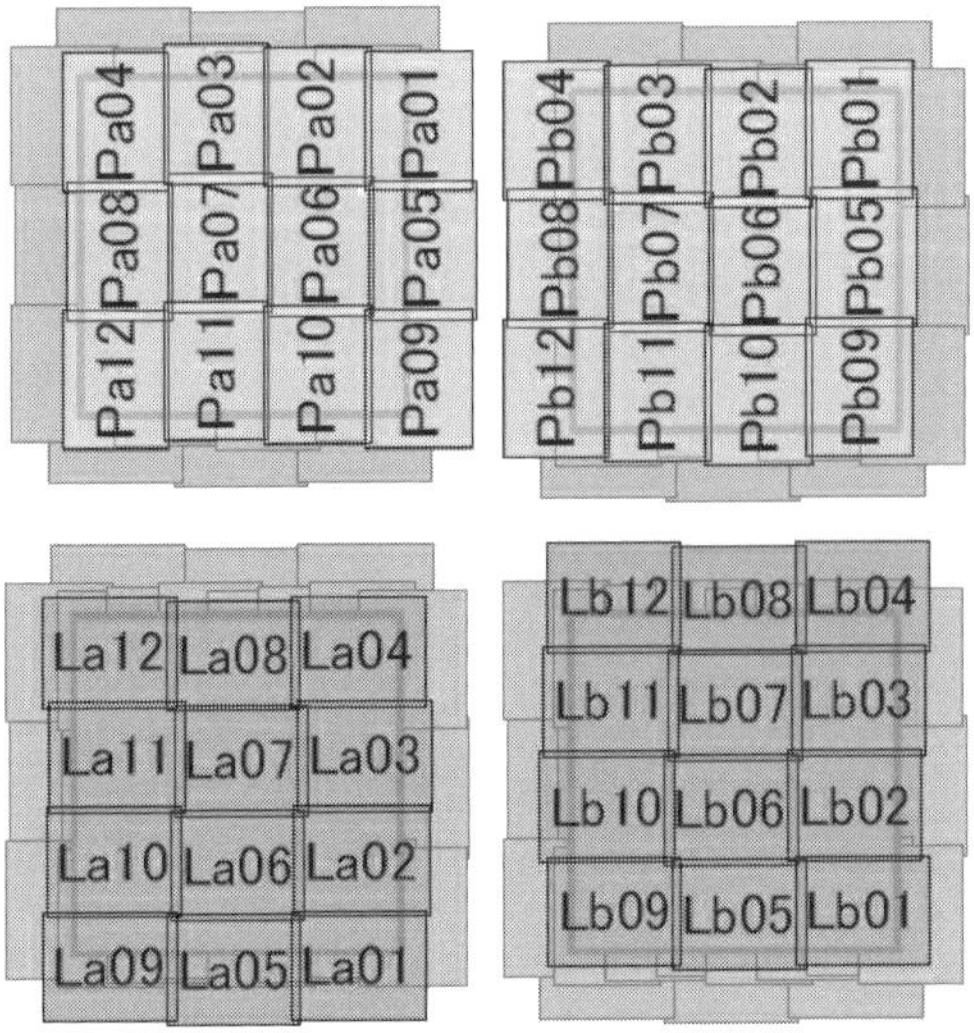

図 1-13　スプリーム・カムの視野を半分ずつずらして撮像する方法. 私たちはこれを撮像パターン A と呼んでいる.

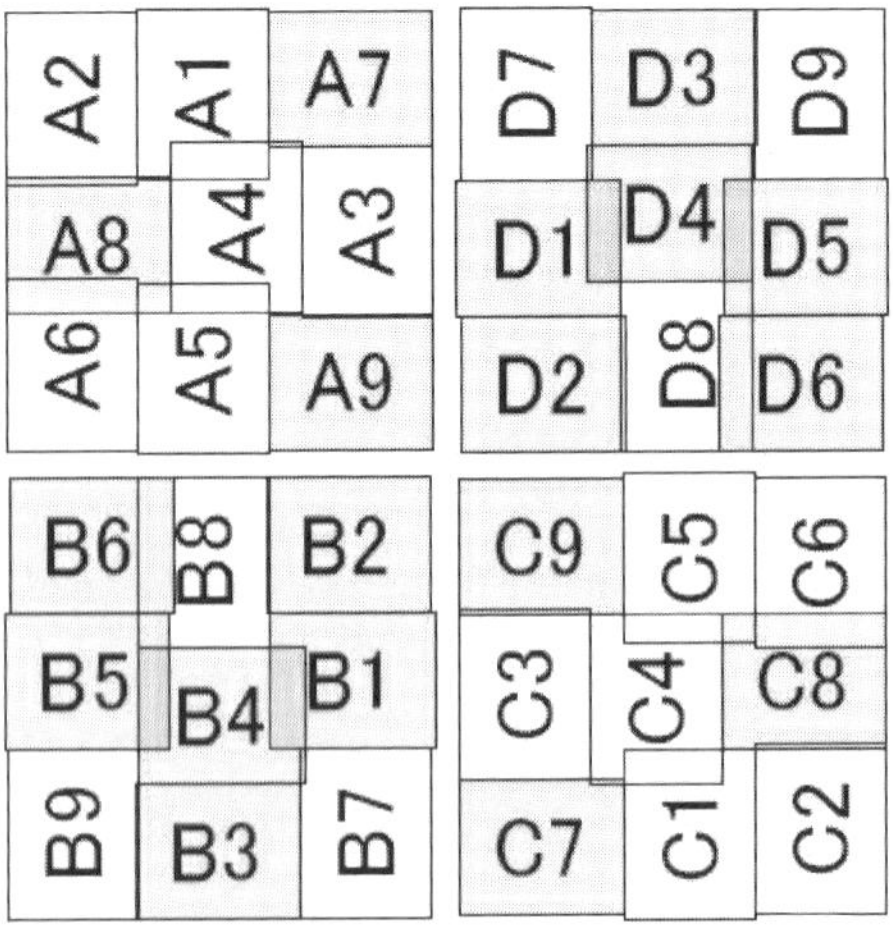

図 1-14　2 平方度を最も無駄なく撮像する方法. 私たちはこれを撮像パターン C と呼んでいる. 私のグループにいる安食優君が考案したものである. 私は密かにこう呼んでいる：Ajiki Cosmos Special と. 略して ACS. お後がよろしいようで….

てくれたのが安食優君（当時博士課程1年）である。

彼は注意深くCCDのギャップを埋めながら、９ショット×４回＝36ショットでコスモス・フィールドをマップする方法を考案した（図1‐14：私たちはこれを撮像パターンCと呼んでいる）。図1‐13と比べてお分かりになるように、こちらはかなりシンプルになっている。しかし、それでもカメラのポジション・アングルを90度変えながら撮る、アクロバティックなものである[20]。すごい方法もあるものだ。

とにかくパターンAとパターンCの両方を使わざるを得ないだろう。どうバランスよくデータをとるか。これは現場での判断に委ねられることになった。

18　二〇〇四年　一月　その参

観測は一月一七日から二二日。まずは6晩である。コスモス・プロジェクトにとって、最初のスプリーム・カムの観測である。観測チームの編成には万全を期す必要がある。

私のところからは村山卓君（助手）、長尾透君（ポストドクター）、安食優君、そし

(20) じつはそれほどアクロバティックではない．ポジション・アングルは PA = 0°と 90°の二つしか使わない．最初の９ショットの内，PA = 0°のものをまとめて撮り，そのあと PA = 90°にして残りを撮る．次の９ショットでは PA = 90°のものを撮り，そのあと PA = 0°を撮る．このようにしていけば，じつは PA を何回も替える必要はない．

て私が参加。ハワイ大学からはデーブとハーベ（Herve Aussel）、そしてＳＴＳｃＩからバーラムが参加することになった。

　コスモス・プロジェクトのスプリーム・カムの観測には小宮山裕氏と宮崎聡氏がメンバーとして参加してくれる。彼らはまさにスプリーム・カムのプロである。両氏の参加を得て、万全の体制が整う。まずは一安心であった。素晴らしい仲間が集まる。これに勝るものはない。

図 1-15　ホノルルからヒロに向かう飛行機の中からマウナケアを望む.

　私と安食君は一月一五日にヒロに着いた。幸い天気は良さそうだ（図１‐15）。１日ゆとりを持ってヒロに着いたのは、いろいろと事前準備があったからである。

　じつは、データ解析にはハワイ観測所の計算機を使い、データ取得後、すぐに解析を始め、一月末日までには解析を終えることにしていた。スピッツアー宇宙望遠鏡 (Spitzer Space Telescope) とチャンドラX線天文台 (Chandra X-ray Observatory) にコスモス・フィールドの観測提案を行うことになっており、その締め切りはそれぞれ二月と三月であったが、その提案書にすばるのデータを使いたい、そういう要請があったからである。

この要請に応えるにはオン・サイトでデータ解析を始め、終わるまでそこで解析を続けるのが望ましいのだ。そこで、コスモスのデータ解析にはすばる望遠鏡のある国立天文台ハワイ観測所の６台のワークステーションを使わせていただくことにしたわけである。あつかましいお願いだとは思った。しかし、当時この観測所で助教授をしていた小笠原隆亮氏らの手配で既に万全の準備がなされていた。ありがたかった。

19 二〇〇四年　一月　その四

そして初日を迎えた。二〇〇四年一月一七日。コスモス・プロジェクト。すばる望遠鏡の船出だ。この日、コスモス・チームは2班に分かれた。サミット組とヒロ組みである。サミット組については説明する必要はないだろう。まさにすばる望遠鏡のあるサミット、つまりマウナケア山頂に向かう。ヒロ組はハワイ観測所に残る。リモート観測モードで対応する。

サミット組は村山、安食の両君。ヒロ組はコスモス外人部隊であるハーベ、バーラム、デーブ、私と長尾君。そして小宮山裕、宮崎聡両氏が支援にあたってくれた。彼らはもちろんスプリーム・カム観測の共同研究者である。もう一人の頼りになる研究者古澤久徳氏はサポートサイエンティストとしてサミットで支援してくれる。完璧である。

ヒロは曇り空。少し心配になる。しかし、研究者用宿舎のあるハレポハクにいる村山君が言う。

「素晴らしい空です」

ハレポハクを出ると、そこから１４００ｍ上のサミットまでは約25分。観測を終えて戻るのは明日の朝七時頃だろうか。

２班に別れた理由は幾つかある。まず、「コスモス」外人部隊はリモートを選んだことである。一方、私は今回はサミットにしたかった。スプリーム・カムは二〇〇三年末にオーバーホールされたばかりである。フィルター・スタッカー（一〇枚のフィルターを交換できる装置）も新調し、よりすばらしいシステムに生まれ変わった。ただ、私たちの観測が初の共同利用観測になる。サポートサイエンティストの古澤さんは当然、サミットでやりたいだろう。もし何かトラブルが発生した時には、古澤さんの判断と技量が観測を救う。私も、古澤さんの御意見を聞きながらの観測の方が安心できる。

ところが今回は私がＰＩとはいえ、コスモス・プロジェクトの枠組みの中で行われる観測である。バーラムらとの意見交換も大切である。悩んだ末、私は二つのモードを切り替えて対応することにした。一七日と一八日。最初の２晩はヒロでバーラムたちとリモートで対応する。そして、一九日からの残り４晩はサミットで観測する。一九日の夜がつらいが、止むを得ない。私がそうすればいいだけのことだ。

閑話休題。リモート観測ができる場合、日本人以外はほとんどそのモードを選ぶ。何も酸素の少ないサミットを目指す必要はない。十分な酸素に守られ、快適に観測をこなす方が楽に決まっているからだ。判断ミスも少なくなる。ある意味ではサミットを目指す方が普通ではない。

しかし、かく言う私はサミットが好きである。ハレポハクを出る瞬間。これはまさに至上の一瞬である。私はいつもこの瞬間を貴重に思う。また大好きな宇宙に出会えるからである。

幸い高山病には強いらしい。論文を書くことにも支障はない。今までいくつかの論文はサミットで書き、また投稿もそこでやった。快感である。「天文学者、かくあるべし」のような仙人ライフをやってきた。

もう一つの理由は、観測条件を肌で感じながらできることである。ヒロでリモート観測をしていると、観測所の外ではスコールが降っていたりする。「おいおい、大丈夫？」などと心配しながらキーボードをたたくモードになることが多いのである。

その点サミットは天に近い。風、ダスト、湿度。何でも自分でチェックできる。「よし、これなら大丈夫」そう確信して観測を進めることができる。これは「実験」をする研究者にはたまらないことである。JRで言えば、安全確保のための「指差し確認」ができるのである。安全確保のために、安全でない標高4200メートルで仕事をするというのも変ではある。しかし、天文学者の良心がそこにあるように思えるのである。それでも、最近はリモート観測の方に肩入れしている。リモートの場合でも熟練したオペレーターが2名、サミットに上がる。私は彼らを信頼している。そのおかげで、私は安心してリモート観測ができる。

彼らもベストを尽くす。私たちもベストを尽くす。この協力関係があるからこそ、リモート観測を選べる。そのとき、私はいつもサミットの二人に感謝している。

20　二〇〇四年　一月　その伍

話は戻る。一七日。いよいよ観測が始まった。そしてコスモス世界大戦も始まった。なにせ、観測者は米（デーブとバーラム。でもバーラムはイスラム圏の出身）、欧（ハーベ、フランス人：ダンス

図 1-16　参集したコスモス・オフィシャル・メンバー．右からハーベ・オーセル（ハワイ大学，現在はＥＳＡパリ・サクレイ研究所），バーラム・モバシャー（ Bahram Mobasher，宇宙望遠鏡科学研究所），筆者，D. サンダース（ハワイ大学）．このときはリモート観測室は一階の計算機室の片隅にあった．

と難しいデータ解析の名人）、そして私たち日本人（ちなみに私はエスパニョール系に間違えられることも多々ある）である。こんな連中がやるのである。大戦が勃発しても驚くに値しない（図１‐16）。

もちろん静かに淡々と進む観測を期待していた。それなりの準備もしてきたはずであった。しかし、忘れていたことがあった。欧米の人は現場に立つと、いきなり「まじめ」になってしまうのである。

私は現場でおろおろするのは好きではない。誰しもそうだろう。だから、「すばるの観測はこんな感じでやりますよ」という話を、観測の一カ月前くらいからメールで流していた。それには特にレスポンスがなかったので、ＯＫなのだろうと思っていたのである。

しかし、これが甘かった。彼らは完璧な現場主義、あるいは直前主義の権化だったことが判明したのである。時、すでに遅し。

意見交換？　その程度ならまだいい。妥協のない世界。とにかく、戦場に突入していった。

21　二〇〇四年　一月　その六

コスモス・フィールドは一月中旬では高度が30度を越えてくるのは午後10時頃である。それまでは、プリシャス・タイム（？）ということで、その時間を無駄にしないための観測計画を出すことができる。所長の判断を仰ぎ、ＯＫが出れば観測をすることができる。私たちはＳＤＳＳで発見された z（＝赤方偏移）が５以上のクエーサーを含む天域のディープ・サーベイをすることにした。

しかし時間はあっという間に過ぎる。午後９時を回りだした頃から慌しくなってきた。この日は z' バンドのデータを取ることにした。z' バンドの観測は結構難しい。そもそも夜光輝線（大気に含まれるヒドロキシ基OHなどが放射する輝線で、天体の観測の邪魔になる）が強い波長帯なのでバックグラウンドが高い。従って、１回の積分時間は永くできない。また夜光の強度は時間変化するので、慎重に1回積分を決めていく必要がある。

とりあえず、フォーカスチェック（フォーカスが合っているかどうかのチェック）の時のデータを基に、安全のため2分積分で観測を始めた。しかし、この直前に問題が起きた。

前にも書いたように、2平方度をどのようなディザーリング・パターンでマップしていくかは大変重要である。事前打ち合わせでは、とりあえずハーフ・アレイ・スペーシングでマップする手はずになっていた。ハーベの提案である。しかし、直前病が出た。

「ヨシ、やっぱりパターンAは観測時間の無駄になるような気がしてきた。パターンCで行かないか？」

「えっ⁉　今から変更？」

じつは、パターンAの方が人気が高かったので、パターンCのシーケンス・ファイル（観測手順が記されたファイル）はその段階では完成していなかったのである。そのことをハーベに言うと、

「すぐ作ろう！　そしてパターンCで行こう！」

といったものの、観測開始時間は容赦なくやってくる。とにかくパターンAで始めるしかない。間に合わない。そしてパターンAの観測が始まった。

ハーベもがっくり。しかし、この直前の変更宣言にも疲れた。なぜなら、実際のオペレーション（望遠鏡操作）はサミットでやっている。彼らとのコミュニケーションが上手くいかなければ、何も始ま

らない。

ヒロのリモート観測室で行われている喧騒にも満ちたやり取りは、すぐには伝わらない。しかも、直前の予定変更では対応ができない。観測開始早々から、みんなカリカリになってしまった。

「いやはや、どうなることやら……」

私は、内心そう思った。しかし、やるしかない。それが観測なのである。

じつは、このあと、どのバンドでもパターンAで1回はマップすることが決まったのだが、まあこのときは仕方のないことであったと思うしかない。とにかく初日の観測はみんなの協力（我慢？）で、どうにか無事に終えることができた。

「観測は現場で行われているんだ！」

サミット隊にそう言われても仕方のない状況ではあった。皆に深く感謝した。

22　二〇〇四年　一月　その七

翌、一八日。この日は*r'*バンドでいくことにした。今度は積分時間のことでまたひと悶着があった。

r'バンドになると夜光の影響はぐっと減るので、バックグランドが低い分だけ、１回の積分時間を長くできる。リードアウトのロスタイムを減らすには、ショット数を減らすに限る。だから、１回の積分時間をできるだけ長めに取った方が、実質の積分時間を増やせることになる。

ということで、私たちはなるべく長めの積分時間を想定していた。ディープ・サーベイの鉄則である。しかし、その鉄則も「コスモス」の観測には通用しない。

ディープ・サーベイの目的は、できるだけ遠くにある未知の天体を探すことが主目的になる。ターゲットは当然暗い。だから、がんがん積分時間をかけるのである。この場合、明るい天体は最初から無視する。明るいといっても20等級よりは暗いのだが、それらの天体はすばる望遠鏡のスプリーム・カムにとっては明るすぎる天体になってしまう。積分時間を長めにすると、サチってしまい（つまり観測対象のシグナル強度が検出限界をオーバーしてしまって、いわゆる「飽和状態」になってしまい）、それらの天体の測光はできなくなる。ディープ・サーベイの場合は問題ない。そもそも、そのような明るい天体をターゲットにしていないからだ。しかし、コスモスの主目的は、宇宙の大規模構造の形成と進化を探るため、比較的近傍にある銀河も重要なターゲットになる。近傍といっても赤方偏移 z でいうと０・２〜０・５くらいだが、それらの天体の測光データもきちんと取得する必要がある。そのため積分時間の短い観測もしなければならない。

どういう積分時間の組み合わせにするか？　それが議論の種になったのである。r' バンドなら10

分、15分は当たり前。しかし、それだと1晩で2平方度を観測することができない。今晩、r'バンドの観測に使える時間は約7・5時間。この時間内に、何とかおさめたい。安定したデータにするには、1晩で完結するようにしておく方が無難だからである。

ハーベは言う。

「1分積分とか、2分積分のデータが欲しい」

「えっ!? 1分積分だと、リードアウト（データの読み出し時間）も1分だから、効率の悪い観測になる。本当にそんな短い積分時間のデータが必要なの？」

と切り返す。しかし、上で説明したコスモスの事情がある。

それまでディープ・サーベイ三昧だった私には歯がゆい観測だが、呑むしかない。とにかく短時間積分の観測をパターンAでやることにした。パターンCでは長めに積分時間を設定し、有効積分時間を稼ぐ。結局短時間の方は積分時間を1・5分とし（少し譲歩があった）、長い方を8分とした。ようやく丸く収まった。

「ハーベ、バーラム」

「何？」

「本当にこれでいい？」

「ああ、いいよ」

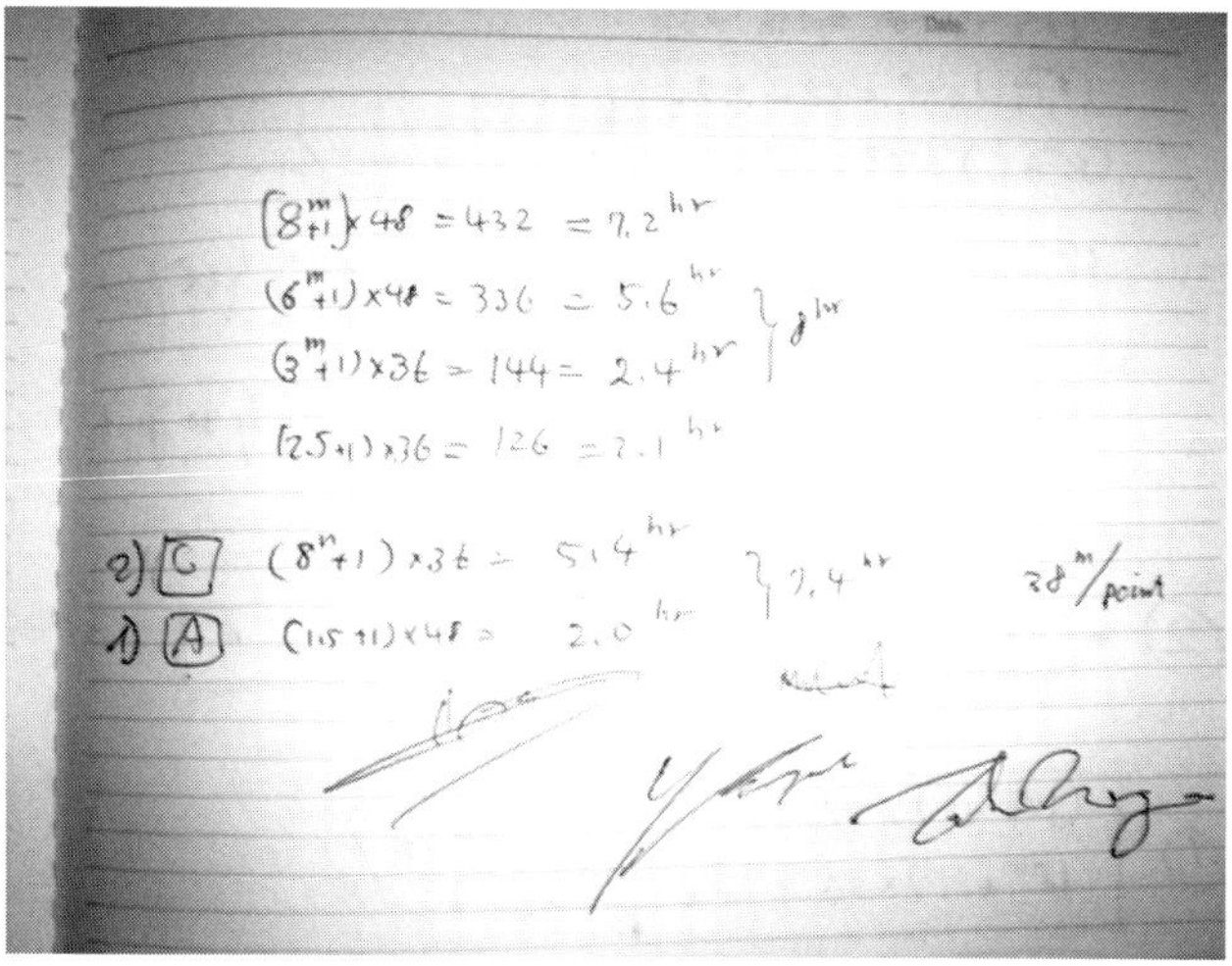

図 1-17　もめる観測．積分時間を決めた後，手打ち式を行い，各自サインした．左上がバーラム・モバッシャー，右上がハーベ・オーセル，左下が私，右下が長尾透のサイン．

「約束だぜ」

「合点！」

「じゃあ、ここに全員でサインだ」

「おう、望むところだ」

ということで、図１‐17にあるサインができた。ハーベ、バーラム、長尾、そして私。幸せな、リモート観測室の４人であった。ちなみに、デーブはこのときホテルで寝ていた。彼も幸せな一人だった。


ところで、これも後でわかったことだが、アストロメトリーの精度を上げるためにも、短時間積分のデータは重要である。ＵＳＮＯ（アメリカ海軍天文台）位置基準星カタログや２ＭＡＳＳ（２ミクロン・オール・スカイ・サーベイ）のデータを使って、アストロメトリーをやる場合、比較的明るい星を使うことになる。したがって、それらの星のほとんどがサチっていたら、位置精度を上げることができない。「コスモス」の場合はＶＬＡ（アメリカ合衆国国立電波天文台の超人型干渉電波望遠鏡群 Very Large Array）による電波のマップがあるので、電波源の精確な位置が使える。その分、楽なのだが、いずれにしても、短時間積分で撮ったデータは大変役に立つのである。

とにかく、2日目の観測も無事終えた。この2日間の「喧騒」のおかげで、段取りが整った感がある。あとは、淡々と観測をこなせばよい。よかった。これで安心してサミット隊に合流できる。

23　二〇〇四年　一月　その八

そして、一九日。この日の午後、私はハレポハクに向かった。バーラムたちといろいろな相談があると思って、最初の2晩は彼らと同じリモート・モードにしていたが、これはやはり大変良かった。議論を重ねることで、観測が軌道に乗ったからだ。

午後5時30分。ハワイ時間。私を乗せた国産車すばるの四駆は、静かにハレポハクを離れる。ドライバーはスプリーム・カムのサポートをしている古澤さんだ。

「古澤さん、何回この道を登りました？」

「うーん、何回でしょうか。

数え切れないほどです」

ギアを４駆のロー・モードにしながら答える。

マウナケア。それはハワイアンにとって、聖なる地である。そして私たち天文学者にとっても然りである。その聖なる地へ今夜は向かう。

道すがら、今夜の観測の手順を反芻する。ときおり下を眺めると、そこにはヒロに「おやすみ」を言うかのように雲海が漂う。優しいたたずまいの雲海が望ましい。そんな時は天気がいい。幸い、優しい佇まいだ。その雲海に感謝しているうちにすばる望遠鏡のサイトに着く。古澤さんに感謝する。

ドアを開ける。清冽だ。サミットに着くたびに思う。天気の問題ではない。いつでもサミットに漂う空気は清冽である。この感触を楽しむためにサミット派がいるとすれば、私は一も二もなく納得する。行けばわかる。その清冽の意味が。

24　マウナケア　番外編

マウナケア。そこは決して侮ることのできない、自然の支配する世界である。20年も通っているといろいろなことがある。

観測最終日に大雪に見舞われたことがある。データを持って帰らなければならない。しかし、その当時ＬＡＮはない。データは２４００フィートの磁気テープにセーブされていた。サミットである。ハレポハクで雪の具合を見る。夕方近くになって、サミットまでの道が確保できた。除雪がすんだのである。望遠鏡のオペレータが言う。

「磁気テープを取りに行くのなら、今しかない。どうする?」

今チャンスを逃すわけにはいかない。

「行こう!」

しかし、サミットに向かったのはいいものの、天候はまた悪化してきた。

「あまり時間はない。磁気テープを回収したらすぐに降りるぞ」

「わかった」

しかし、問題があった。マウナケアのサミット全域が停電になっていたのである。私たちは２４００フィートの磁気テープを手で巻き取るはめになった。共同研究者を含めた３人で交代しながら巻き取ることにした。このときほど４２００メートルという高度を実感したことはない。すぐに息が上がる。巻き取る手に力が入らない。血が回っていないのである。正直「まずい」と思った。

それでも30分くらいで作業を終えた。

「終わったぞ」

「ＯＫ。じゃあ、すぐ下山だ」

ところがその30分が命取りになった。道路という道路が全てアイスバーンに変身していたのである。

「だめだ、降りられない」

オペレータの悲痛な叫び。

「どうする」

「かなりまずいな。とにかく他の天文台に連絡を取ってみる」

当時、私が使っていたのはハワイ大学の2・2メートル望遠鏡である。サミット周辺には、そのほかにカナダ・フランス・ハワイ望遠鏡（ＣＦＨＴ）とイギリス赤外線望遠鏡（ＵＫＩＲＴ）があった。そして、彼らも孤立していた。その後も情報交換を続ける。そして決断が下った。

「私たちは歩いてここを脱出する。ＣＦＨＴとＵＫＩＲＴの連中と一緒だ。でも心配するな。行き先はＪＣＭＴ（ジェームス・クラーク・マクスウェル望遠鏡）だ。ＪＣＭＴからなら車が出せることがわかった。方法はこれだけだ……」

そして一言。

「行くぞ」

雷が鳴っていた。道はアイスバーン。下りの急勾配。正直、生きた心地はしなかった。まさに丑三《うし》つ時。私たちは朝7時のヒロ空港発、ホノルル経由で日本に帰ることになっていた。あと7時間しかない。

しかし、大丈夫だろうと思った。「行くぞ」この自信に満ちた言葉。それを信じたからだ。

「そんなこともあったなあ」

サミットに着くたびに思い起こす。しかし、それでもマウナケアは大好きである。マウナケアは媚びない。私も媚びない。研ぎ澄まされた駆け引きが、素晴らしいサイエンスにつながる。このスリルにとりつかれたらもうお終いである。

「どちらへ？」

「マウナケアまで！」

25 二〇〇四年 一月 その九

ということで再びマウナケアである。一九日はBバンドを撮った。この日はベストシーイング0・4秒台の前半が出た。スプリーム・カムのピクセル分解能は0・2秒角である。

「これ以上シーイングが良くなったら、カメラで分解できなくなっちゃいますね」

古澤さんが言う。確かに今回は初日からシーイングがいい。HSTのACSにはかなわない（大気の影響を受けないため角分解能はつねに0・1秒角）が、スプリーム・カムのデータは驚異的なものになると思った。

二〇日は初日にもやった*z'*バンドを。そして、二一日は*i'*バンドを撮った。ACSで*I*814を撮るので、測光的にはスプリー

図1-18 すばる望遠鏡の観測室にあるお天気の神様．常々，手を合わせることが望ましい．

ム・カムで*i'* バンドを撮る必要はない。しかし両者を比較することは意味がある。特に「弱い重力レンズ効果」を用いたマス・マップ（宇宙における質量分布図）を行う場合、宇宙空間と地上のデータで、どんな種類の物質がどの程度の量かを確認することは大切である。このマス・マップはコスモス・プロジェクトにとってはキー・サイエンスの一つになっており、宮崎聡さん、カリフォルニア工科大学のリチャード・エリス とジャンポール・クナイブ (Jean-Paul Kneib) 両氏が担当することになっている。スプリーム・カムでもシーイング0・6秒角で*i'* バンドのイメージが取れたので、結果が楽しみである。

一七日から二一日までの5晩は天気に恵まれた（図1 - 18）。6晩目の二二日は残念ながら雲に包まれて危険な状況になってきたので夜半前にはハレポハクに戻った。まさに怒涛の5晩であった。PI（研究代表者　Principal Investigator）のニックからも毎日励ましのメールが来た。

しかし、私たちに安息の日々はまだこない。膨大なデータ解析が待っている。そして二月に、再びコスモスの観測がある。今度はスプリーム・カム4晩。その二月の観測でも信じられないドラマが展開されることになる。

第4話　踊る大望遠鏡事件

26　二〇〇四年　まだ一月　その壱

宇宙大規模構造の謎を解き明かすコスモス・プロジェクト。宇宙進化サーベイと銘打ったこのプロジェクトは、その名の通り、大規模な観測が必要になる。コスモス・フィールドは2平方度もあるからだ。これを、すばる望遠鏡のスプリーム・カムで撮像する。大変な観測である。

第3話で書いたように、この大変な観測は二〇〇四年一月に始まった。6晩の内1晩は悪天候に災いされたものの、残り5晩は好天に恵まれた。今回の観測で取得するデータ量も凄いが、複雑なディザーリングで撮ったイメージを合成することも大変である。私たちも経験したことがない。そのため、スプリーム・カムの方々やハワイ観測所の方々にいろいろと相談にのってもらいながら、データ解析体制の準備を整えてきた。

データ解析は私たちのグループとハワイ大学天文学研究所のチームが独立して行い、両者を比べて間違いのないようにする。これが基本路線である。ハワイ大学チームはハーベが責任者、私たちのチームは安食君が責任者を務めることになった。

第3話でも紹介したように、このデータ解析には、じつはもう一つ厳しい条件が課せられていた。

「できれば、一月中になんとかならないか」

こういう要請があったからである。

「ならぬものは、ならぬ！」

とかいって、突っぱねることができれば幸せなのだが、もちろんそれはできない。そもそも、この要請はコスモスの次なる戦略からきていたからだ。

27 二〇〇四年 まだ一月 その弐

一月中旬に取得した膨大なデータ。これを一月中に解析する。誰が考えたって無謀な話だ。

「安食君、どうだろう？　できるかな？」

少し間をおいて安食君が答える。

「何とかなると思います。

ただ、修士課程1年の佐々木（俊二）君と角谷（涼子）さんの手助けが必要です。

マクロはボクが用意しますが、データを撮った次の日から、1人1バンド対応で解析しなければ間に合わないと思います。それから、ひとつのバンドにつき、1台の解析専用マシンがあるほうが、早く終わります」

「なるほど」

こういうわけで、ハワイ観測所に頼んでデータ解析の準備をしていただいたのである。

そして、当時修士課程1年の佐々木君と角谷さんは、このデータ解析のために仙台からコスモスの観測に参加していたことになる。これが本当のリモート観測かもしれない。

28　二〇〇四年　まだ一月　その参

観測は一七日から始まったので、解析は翌一八日から始まった。したがって、一八日以降は観測と解析がダブルで進行していたことになる。二〇日くらいになると、最終画像合成まで行くバンドもでてきた。しかし、最後の画像合成のところで上手くいかない。なかなかマッチングがとれないのである。

安食君も首をかしげる。

「おかしい、どうしてかなあ。特に悪いところは見つからないんですが……」

じつはこんな悩みを抱えながら、私たちは観測をやっていたのである。

最終日の二二日は、第3話でお話したように、悪天候のためにハレポハクには早めにおりた。まだ午後10時である。はからずも、少しゆとりの時間ができたので、私たちはなぜマッチングが上手くいかないのか検討することにした。

安食君がマッチング直前のデータをディスプレイに出して、原因を調べだした。安食君はやはり首をかしげている。皆でディスプレイを眺める。

「この二つの画像はＰＡ（位置角　Position Angle）が違ってはいるんですが、同じ天域を撮ったものです。でも何だか違う天域をみているようで……」

安食君の説明を聞いて、二つの画像を眺めてみた。確かにおかしい。全然銀河の位置関係が合わない。

このとき私はいやな予感がした。

「まさか、間違った天域を観測してしまったのでは……」

冷や汗がでる。

しかし、そんなはずはない。ディザリング・パターンのシーケンスは何回もチェックしている。

村山君も首をかしげる。長尾君も首をかしげる。そして私もそうするしかない。ちょっと暗い感じになってきた。

「安食君。この左の絵はそのままでいいけど、右にはその近くのＣＣＤ（電荷結合素子カメラ）チップのイメージを出してみてくれない？」

窮余の策である。とにかく対応関係をつけなければならない。

安食君がその隣のチップの画像を出す。皆でしげしげと比較を始める。

「おやっ……」

そのとき私は気がついた。少し理解に苦しむのだが、右に新たに出した画像を反転させ、上下関係を逆にする。そうすると右と左の画像の対応がつく。さっそく、皆でもう一度検討してみる。確かにいいようだ。

一同、ホット胸をなでおろす。しかし、……

「なんでこうなるの？」

ＰＡを90度変えて同じ天域を撮影すると、同じ天域が撮れない。ようするにこれが観測事実になってしまう。

「やっぱり何か、間違いがあったのだろうか……」

私はさらに暗い気持ちになっていった。

そのときこの観測事実を眺めていた村山君が言った。

「どうも、ピクセルに座標を割り当てる時、割り当て方を間違えてしまったんじゃないでしょうか？」

なるほど、そういうことが起こっていれば、この現象は理解できる。そこでＦＩＴＳファイルのヘッダーを調べてみることにした。

・・・・

「これでは同じになるはずがないですね。やはり、ＰＡの違いで逆方向に座標を割り当てています」

村山君がいう。

・・・・

「これじゃあ、マッチングがとれるはずはないですね。おかしいと思いました」

安食君も言う。安食君のマクロでは、最後の画像合成では2平方度一括マッチング（天域を細かく分けて撮影した画像をひとつの大きな画像にすること）という離れ業が仕込まれていた。しかし、マッチングがとれないので、合成領域を縮めながら、なんとかしようとしていたのである。座標が間違って割り振られていたのである。これでは、いくら合成領域を狭めてもだめである。スプリーム・カム改修の忘れ物が私たちを苦しめたのだ。

しかし、原因はわかった。データは正しく撮られているし……。座標が正しく割り当てられるように直してあげればよい。安食君は余計なマクロを作らされる羽目になったが、これで問題は解決した。そしてマッチングは上手くいった。見事である。

こうして、データ解析は一月二九日に終わった。本当に一月中に終わってしまったことになる。たぶん、奇跡だったと、今でも思う。

29　二〇〇四年　二月　その壱

そして、二月を迎えた。コスモスの観測は一五日から一八日の4晩。これだけで済めば、一月に比べると楽である。しかし、そうは問屋が卸さなかった。安食君が代表者になっているスプリーム・カムの観測が一九日から二一日になっていたからである。つまり、7晩ブッチギリの観測になってしまったのである。

私たちのチームは私の他に、村山、安食、佐々木、角谷の四氏が参加。つまり、2つの観測を総勢五人で乗り切ることになる。私と村山君、安食君は7晩フルに対応。佐々木君は主として前半のコスモスを、角谷さんは主として後半の安食君の観測のサポートという割り振りにした。一月の観測を仙台からリモートでサポートしてくれた佐々木君と角谷さんが、今回は晴れて現地参加となったのは嬉しいことであった。

コスモス外人部隊からは、なんとＰＩのニック・スコビル氏が参加することになった。彼のポスドクである幸田仁氏と大学院生のローラ・ヘインライン（Laura Heinlein）さんが一緒に来る。また賑やかな観測になる。

ハーベも来ることになっていたが、急な予定変更で同じマウナケア山頂にあるＣＦＨＴに行くことになった。今回、私たちはヒロでのリモート観測にしていた。しかし、ハーベのＣＦＨＴ観測はマウナケアのサミットで行うものだった。そのため、残念ながら彼はコスモスの観測には参加できなかった。彼はそのあと、ケック望遠鏡（The W. M. Keck Telescope）で１晩、ＣＳＯ（カリフォルニア工科大学サブミリ波天文台：Caltech Submillimeter Observatory）で10晩の観測があり、よれよれ状態のようだった。

そのおかげで、ハワイ大学天文学研究所の解析システム「クラスター」を使うデータ解析はなかなか進まなかった。担当のハーベがかくも忙しい。だが、彼を責めることはとてもできない。彼を忙しくさせている観測のほとんどがコスモス計画に関係した観測だったからである。

コスモスは確かに動いていた。私たちのすばるの観測もすごかったが、チームメンバーはいろいろな波長帯の観測に奔走していた。そして、ＨＳＴもクール にコスモス・フィールドのマッピングを続けていたことはいうまでもない。こうして、空と大地からのコラボレーションが踊っていた。

30　二〇〇四年　二月　その弐

二月一五日。この日から4晩の観測が始まる。今回もリモート観測だ。しかし、一月とは違う。一月は、リモート観測室が一階の計算機室の片隅にあった。ところが二月は、2階の208号室（元会議室）に格上げになっていた。その部屋でリモート観測するのは、私たちが初めてということだった。部屋は広くはないが、落ち着いた雰囲気で観測ができる。これはありがたかった。

一五日の夕方、ニックたちがやってきた、ジンとローラが一緒だ。まず、リモート観測室で堅い握手をかわす。村山君、安食君、佐々木君、そして私。総勢7名での観測が始まった。

観測が始まった瞬間、異変が起きた。最初に出てきたコスモス領域の画像を見ると、明らかにおかしい。星が流れて写っている。

「ありゃ、なんだこれは！」

古澤さんもいぶかしげに画像に見入る。明るい星を見れば一目瞭然である。片側にきれいなループを描いて写っているのだ。暗い星だと、ループははっきりしないが、星像流れが起こっていることはわかる。

「もう1枚撮ってみよう」

しかし、結果は同じだった。もう1枚、……。むなしいトライが続いた。

「ふーむ……」

一同、暗い顔つきになる。ニックも困った顔をしていた。

その後も、何回か撮り続けたが状況は変わらない。ただ、何回かに1回は正常にとれることがわかった。しかし、とても安定して観測を続けることは不可能だった。古澤さんはすぐに所員の何人かに連絡をとった。

今までに起こったことのないエラーが起きているようだった。原因はわからない。とにかく、いくつか対応する手立てを考え、これから三菱電機のクルーの方々がサミットまで駆けつけてくれることになった。この症状が直るかどうかはわからない。とにかく、やってみるしかない。夜のサドルロードは寂しい。ハレポハクからサミットまでの道も夜のドライブには切ない。そして故障が直る保証もない暗夜行なのだ。クルーの方々に深く感謝した。

皆、祈る気持ちだった。天気は快晴。シーイングは0・6秒角程度で落ち着いている。落としたくない夜だった。

時刻は、もう夜半に近づこうとしていた。サミットで修理を開始するまでには約2時間ある。どうする。何もせずに待つか。いやそれはできない。貴重な観測時間であることはたしかなのだ。

私たちは善後策を話し合った。確かに星像流れは頻発する。しかし、積分時間を短く設定すれば、何回に1回かは有効なデータが撮れる。

「フィルターを z' に変更しよう。

積分時間は1分。

この設定で挑戦しよう」

今夜の観測は V バンドでコスモス・フィールドを撮る予定だった。V バンドだと夜光が暗いので、1回当たりの積分時間を長めに設定する。しかし、星像流れが頻発するのでは長時間積分はできない。そこで、苦肉の策ではあったが、フィルターを z' に変更したのである。

フィルター交換に5分。そして、観測はすぐに再開された。しかし、結果は悲惨だった。10回に1回が関の山。とてもデータにならない。だが、まだあきらめなかった。

「積分時間30秒。

これでいこう」

観測は再開された。さっきよりはいいものの、数回に1回の割合でしか、まともなデータが撮れない。もうどうしようもない状況になった頃、サミットに修理隊が到着した。修理のためにいったん望遠鏡を止める。約1時間のロスになるが、この状況で観測を続けるよりはましである。私たちは観測をストップし、上手く修理できることを祈った。


「ヨシ、どうする。

もしこれで上手くいかなかったら……」

ニックがいつものバリトンで聞いてくる。

「うーん、なんともいえないけど……

もしだめだったら、観測は中止になるかもしれないね。

ただ、空がいいから、本当に残念だけど」

「確かに。コスモスの観測は無理だろうな。

何か他にできることはあるかな？」

「近傍の銀河でも観測する？」

「M51（子持ち銀河）か？」

「なるほど！」

「アンテナ（銀河）もいいな(21)」

(21) 有名な相互作用銀河で，NGC4038/4039 のペアである．潮汐力で引き伸ばされたテールがそれぞれの銀河から出ていて，昆虫の触覚のように見えるので「アンテナ銀河」もしくは「触覚銀河」の異名をもつ．

そうこうしているうちにサミットから連絡が入る。

「修理できそうなところはやってみました。観測を再開してください」

おそるおそる観測を再開する。しかし、結果は無残だった。症状は改善されていなかった。

「オー　マイ　ゴッド」

ニックのみならず、皆の気持ちがこの一言であった。


今夜のまともな観測は望めない。明日、日中に今一度修理に挑戦するしかない。まだ夜の2時。このまま観測をやめて、明日にかけるか？　それとも……

ニックが言った。

「オーケイ、ヨシ。

M51だ！」

それしかないと思った。しかし、観測対象を急に変更するには所長の許可が必要である。しかし、あまりにも遅い時間。そして、星像流れ。これは尋常な状況ではない。こんなとき、判断はサポート・サイエンティストに委ねられる。古澤さんは素早く他の観測提案とのバッティングがないかを調べ、そして言った。

「問題ありません。Ｍ51に行ってください」

こうして、私たちは観測を続けることにした。もちろん、古澤さんと私はそれぞれ状況説明のメールを所長宛に書くことは忘れなかった。

31　二〇〇四年　二月　その参

明けて一六日。夕方、私たち観測者はまたリモート観測室に集まった。そしてわかったことがあった。三菱電機とハワイ観測所の方々の必死の努力もむなしく、すばるは直っていない。

今夜も天気はよさそうだ。どうする。やはり気分転換も必要だ。そして思った。とりあえずこの騒動には名前が必要だろう。私は「踊る大望遠鏡事件」と名付けた。これは馬鹿受けだった。リモート観測室が少しだけ明るくなった。

しかし、状況はかなりまずい。笑っている暇はない。まさしく、どうしようもないのである。昨夜のように近傍銀河の撮像をするしかないだろう。しかし、気分は晴れなかった。撮影するからにはサイエンスにつなげたい。つまり科学としての意味をもたせたいのである。スプリーム・カムで近傍銀河を撮影すると、確かに凄い画像が撮れる。一瞬、星像流れのことを忘れて、ため息が出るようなデータになる。それは確かだが、やはりサイエンスが大切なのである。

ニックと私はリモート観測室を出て、隣にあるラウンジのソファーに腰掛けた。

「ヨシ、どうする?」

「ニック、どうする?」

「……」

という感じではあった。しかし、ニックは百戦錬磨のファイターだ。決してあきらめない。


「ヨシ、ウルトラ(22)はどうだ?」

「なるほど、そういう手があるね」

「ああ、スプリーム・カムでウルトラを撮像すれば、淡い潮汐痕(銀河の衝突や合体のとき、お互いの銀河から及ぼされる潮汐力で腕のような構造が引き出される。それを潮汐痕と呼ぶ)が見えてくるんじゃないかな。確かに星像流れはあるけど、淡い構造を議論するだけならあまり問題にはならないだろう」

これはいいアイデアである。しかし、観測するターゲットを選び出さなければなら

(22) Ultra Luminous Infrared Galaxies のこと．日本語では超高光度赤外線銀河，または簡単にウルトラ赤外線銀河と呼ばれる．ガスに富む 2 個あるいはそれ以上の銀河同士が合体し，激しいスターバーストを起こしている．最終的にはクェーサーに進化するというアイデアをニックたちは提案していた (Sanders, D. B., et al. 1988, ApJ, 325, 74)．カルテク (Caltech) シナリオとも影で呼ばれる．

ない。村山君がさっそく必要な論文をプリントアウトする。表と図を見てどんどんターゲットを選んで言った。幸い、ウルトラ（超高光度赤外線銀河）の代表格であるアープ２２０、マルカリアン２３１などが観測できる。ラッキーだ。

「ニック。

今夜はコスモス・ウルトラサーベイだ！」

リモート観測室のホワイトボードには「コスモス・ウルトラサーベイ」の文字が書かれ、その下にたくさんの観測ターゲットが並べられた。

「古澤さん、いいですか？」

何しろ、またまた観測対象の変更である。古澤さんは落ち着いている。今夜もターゲット変更になるだろう。こう先読みして、この日の観測の前に所長に連絡を済ませていたのである。あとはターゲットが他の観測提案とバッティングしていないかを調べればよい。そして、ホワイトボードを眺めて古澤さんが言う。

「ＯＫです」

またしても適切な判断がなされた。古澤さんに感謝し、私たちはコスモス・ウルトラサーベイの世界へと突入した。所長へのメールも忘れなかった。

図 1-19　踊る大望遠鏡事件の中で撮影されたアープ 220 の画像（*R* バンド，1 時間積分）．明るい星の像を見るとわかるように，みな左（つまり東側）へ流れている．

暗い気持ちを払拭するように、私たちはコスモス・ウルトラサーベイを楽しんだ。次々と出てくるウルトラ赤外線銀河の画像は、見ていて本当に刺激的だ。アープ２２０（図１-19）の画像にも驚いた。いままで見たこともないような淡い潮汐痕が見えている。しかも、かなり複雑に何本ものテールが絡み合っているように見える。それを見てジン(幸田仁氏)が言った。

「ニック、ヨシのアイデアの方が正しいんじゃない？」

「あん？」

「ヨシの多重合体説」

「うーん、そうかも知れないなあ」

ここで私たちは大笑いした。

ウルトラ赤外線銀河がクェーサーへと進化するアイデア（脚注22参照）はまさにニックらの提案による。しかし、彼らのシナリオでは「2個」のガスに富む銀河同士の衝突ということになっていた。それに対し、私は一九九八年に「複数個」のガスに富む銀河の方がよいという論文を出していた(23)。2個でも複数でも大勢に影響はないように思うのだが、ニックとデーブは頑なに2個にかかわっていた。決して「多重合体説」を認めようとしなかったのである。ジンはその事情を知っていて、茶化したのである。

考えてみれば、ウルトラ赤外線銀河に関しては、ニックと私は異なる説を提案している。その二人が仲良くコスモスプロジェクトで共同研究しているのだから、世の中面白いものである。大人の世界ということだろうか。

32　二〇〇四年　二月　その四

こうして2晩の観測が終わった。この2晩の内にすばる望遠鏡の星像流れは直らなかった。一六日の夜、ハワイ観測所と三鷹の国立天文台のすばる望遠鏡担当者の間では深刻な会議が行わ

(23) Taniguchi, Y., & Shioya, Y. 1998, ApJ, 501, L167.

れていた。コスモス・ウルトラサーベイをやっている最中、私に呼び出しがかかった。観測代表者である私に会議の結論を告げるためである。

「残念ながら状況は深刻です。星像流れの原因が特定できていないからです。いろいろな対処はやってみたのですが……

そこで、もしこのまま星像流れが直らなかった場合ですが……」

歯切れの悪い説明が続く。しかし、すばる望遠鏡のスタッフの方々こそ、苦渋の決断をしなければならなかったはずである。私の心情も、彼らの心情も同じだった。

「このままスプリーム・カムによる観測を続けるのは得策ではないと判断しています。つまり、他の焦点に切り替えて、少しでも星像流れの影響が少ない観測をせざるを得ないことになります。その場合、今回の観測はキャンセル扱いになります」

本当に深刻な事態になりつつあった。快晴夜が続く中、観測がキャンセルになる。しかも、コスモスの観測の後、安食君が代表者の観測があり、やはりスプリーム・カムを使うことになっている。彼の博士論文がかかった観測である。もし、それもキャンセルになれば、どう対応したらよいのだろう。

困った。しかし、この気持ちを皆に見せてはいけない。気分を変えて、コスモス・ウルトラサーベイで賑うリモート観測室に戻った。最終判断は一七日の日中の修理作業に委ねられる。まんじりともしない夜が更けていった。時だけは，いつものように素直だった。

明けて一七日，夕方，いつものようにハワイ観測所に到着した。

するとすぐに声が飛んできた。

「谷口さん，直りましたよ！」

「えっ！　直ったんですか？」

「はい」

まさに神に感謝する気持ちになった。これでリアル・コスモスに戻れる。おそらく必死の作業だったのだろう。三菱電機のクルーの方々と観測所員の熱意がすばる望遠鏡をよみがえらせたのである(24)。

リモート観測室の前でニックを待った。ほどなくニックの姿が玄関よりの階段に見えた。

「ニック！　今夜からリアル・コスモスだぜ」

「ヨシ，本当か⁉

すごいぞ!!!」

(24) すばる望遠鏡が精確に天体をトラッキングするには，常に精確な時刻を知っている必要がある．すばる望遠鏡はタイムジェネレーターから送られてくる信号を読んで時刻を知るのである．「踊る大望遠鏡事件」の原因は，その受信線のコネクターがわずかに緩んでいたことと，運悪く望遠鏡駆動用のモーターからのノイズが時々入ってしまっていたことによるものであった．このような併せ技はつらい．

図1-20　ようやく望遠鏡も直り，データが撮れ始めた．幸せな二人の姿。右がHST・COSMOSプロジェクトの総括責任者 ニック・スコビル（Nick Scoville：カリフォルニア工科大学）氏．彼の真面目さと律義さは左胸に付けられた（共同利用観測者を示す）ネームタグでわかる．ちみに私は付けていない．ただし，特別な意味はない．たまたま着ていたアロハシャツに合わないような感じがして，付けていなかったのだと思う．

ニックはその辺にいる全ての人と握手しまくった。ニックも悩んでいたのだろう。彼はいい人である。（図1-20）

そして、私たちは一七日と一八日、ようやくリアル・コスモスの観測を楽しむことができた。Vバンドとi'バンド。無事に、2平方度を撮りきった。一月の観測と合わせるとB、V、r'、i'、z'の5つのバンドのデータが取れたことになる。シーイングにも恵まれ、非常に素晴らしいデータセットになるだろう。HSTも快調にコスモス・フィールドの観測を続けている。これらのデータを使えば、最先端の研究ができることは間違いない。

正直なところ、この2カ月間、生き

た心地がしなかった。このすばる望遠鏡の観測が上手くいかなかったらコスモスプロジェクトには暗雲が立ち込めただろう。私たちの観測にコスモスの明日が委ねられていたのである。

33　二〇〇四年　二月　その伍

「踊る大望遠鏡事件」には肝を冷やされたが、振り返って見れば何とか冷静に対処できたのではないか思う。観測にあせりとか怒りは禁物である。クールに対処してこそ、すべてを乗り切れる。今回はニックの発案したコスモス・ウルトラサーベイが私たちの雰囲気を和らげた。さすがである。

そのウルトラサーベイの最中、ニックはさらに淡々と仕事をしていた。

「ヨシ、ＩＤＬ（計算や作図をするソフトウエアの名称　Interactive Data Language）のマニュアルないかなあ？」

「ＩＤＬのマニュアル？

多分あるんじゃないかな。誰かに聞いてみるよ」

マニュアルは直ちに見つかった。

図 1-21　完成したコスモス・プロジェクトのポスター．100 万個もの銀河が写っている 2 平方度画像は圧巻である．モノクロなので見にくいかもしれないが，左下と右下に小さく配置した画像は図 1-22 と図 1-23 にそれぞれ示してある．

図 1-22　珍しい巨大銀河の潮汐力によって引き裂かれた小さな銀河 (galaxy threshing system) の発見．佐々木君の発見．

図 1-23　強い重力レンズ効果の例．村山君の発見．中心の明るい銀河の左右に見える淡い構造は，明るい銀河の背景にある銀河が明るい銀河による重力レンズ効果（図 1-49 参照）で見えている．

「ニック、何しているの？」

「うん、一月にB、r'、z'の3バンドのデータを撮ったろう。それを使って、コスモス2平方度のカラー画像を作ろうかと思う」

「それはいいね。じつはタカシ（村山君）も、今それを作っている所だ」

「おお、じゃあ競争だ！」

そして、ニックもタカシも2、3時間で美しいコスモスのカラー画像を作り上げた。

「うーん、タカシの作った方がきれいかな……」

ニックは悪びれず言った。やはり、いい人である。

それにしても、スプリーム・カムの威力は凄い。さっそくA0プリンターに画像を出してみる。

「ひゅー！」

2平方度のカラー画像はうっとりするような美しさだった。

ちょっと見ただけで銀河団がある場所がわかる。かなり色の赤い銀河団もあるが、おそらく赤方偏移1程度の銀河団なのだろう。見れば見るほど、いろいろな構造が見えてくる。

100万個以上もの銀河が確かにそこにあった。銀河たちは密やかに私たちが解析するのを待っている。コスモスはまさに宇宙の大規模構造を解き明かすプロジェクトになる。その画像を眺める７人。誰もがそう思った（図１‐21〜23）。

34　二〇〇四年　二月　その六

ニック、ジン、そしてローラはカルテクに戻った。しかし、私は戻れない。一九日から安食君の観測が始まるからだ。佐々木君は仙台に戻ったが、角谷さんがやってきた。村山君を含めて、４人で静かにスプリーム・カムの観測を楽しむことになった。怒涛の $z=5.7$ のライマン α 銀河サーベイとは思えない、静かな、静かな観測だった。

第5話　急上昇した「すばる」の国際的評価

35　二〇〇四年、別の二月　その壱

宇宙大規模構造の謎を解き明かすコスモス・プロジェクト。このプロジェクト初のすばる望遠鏡の観測が終わったのが二〇〇四年二月である。本当に怒涛の観測だった。一月の6晩。二月の4晩。10戦7勝1敗。そして2引き分け。7晩の快晴。1晩の雪によるダウン。2引き分けは、例の「踊る大望遠鏡事件」によるロスである（第4話参照）。この2晩も、天気はよかったので、ずいぶんと好天に恵まれたことになる。

それにしても多くの方々に助けられた。まずは、国立天文台ハワイ観測所の全ての方々である。そ

してサポート・サイエンティスト、望遠鏡とスプリーム・カムのオペレータの方々には感謝してもし切れないぐらいの支援を受けた。また、コスモス・チームの方々のエールがなければ、とてもこの２回の観測ランの急場を凌ぐことができなかったかもしれない。

コスモスは確かにプロジェクトである。研究にはいろいろなやり方がある。一人でやる個人研究、少人数でやる共同研究、そして大人数でなければ対応できないプロジェクト研究などである。それぞれ特質があり、どれがよいかということを議論することにはあまり意味がない。しかし、プロジェクト的にやらなければ対応できない研究があることは事実である。そして、プロジェクトはさらに外部の多くの方々のサポートがなければできない。そんな当たり前のことをいまさらながら実感した。やってみて思うことだが、たいへん幸せな観測だった。

だが、まだ休むわけにはいかない。膨大なデータ解析が待っていたからだ。データ解析は一月の観測と同時に、安食君、佐々木君、角谷さんの３名が始めていたことは第４話で述べた。一月分のデータの解析は一月の内に終わった。なぜそんなに急いでいたかといえば、第４話で述べたように、二月の中旬にＨＳＴのサイクル14の観測提案の締め切りが迫っていたからである。この提案に、スプリーム・カムの観測成果を何とか盛り込むことができれば、より強い観測提案になる。そういう目論見がチーム内にあった。

しかし、驚くべきことがあった。私たちの解析した結果は早くもサイエンスに結びつきつつあったのである。第4話では、「観測の二月」の話をした。この第5話では早くも芽生えたサイエンスの息吹について紹介したい。そこには「観測の二月」とは違う、「別の二月」もあった。

36　二〇〇四年　別の二月　その弐

一月の観測を終えた私たちには、何の休息もなかった。データ解析の結果をまとめ、コスモス・チームのメンバーに、その成果を少しずつ報告し始めていた。その結果、コスモス・プロジェクトは確実に動き出した。すばる望遠鏡が仕掛けたかのごとく。

コスモス・フィールドは広い。スプリーム・カム9視野分の天域である。そこには、ざっと120万個の天体が見つかった。とりあえずやるべきことは一つ。それらのカタログを作ることである。これだけでも大変である。私たちは必死になった。

私たちのチームにはポスドクの塩谷泰広君がいる。彼は銀河の測光赤方偏移(25)（photo-z：photometric redshift の略）の推定を虎視眈々と準備していた。私たちのチームは、以前からスプリーム・カムの多色測光データを取り扱っていたので、測光赤方偏移推定のニーズがあった。器用な塩谷君は、独自にチューンした測光赤方偏移推定ソフトをコスモスの観測の前に完成させていた。

塩谷君はコスモス・フィールドで見つかった全ての天体の測光赤方偏移を調べた。コスモスの目的は宇宙進化サーベイであり、宇宙の大規模構造がどのように成長してきたかを調べることが一つの大きな目標である。これを調べるには、どうしても銀河の位置と距離を特定する必要がある。位置は見かけの方向で特定できる(26)。しかし、銀河の距離を推定するのはやっかいである。精確な赤方偏移がスペクトル観測で測定できるのであれば、話は早い。しかし、それは望むべくもない。この時点で頼りにできるのは、やはり測光赤方偏移なのである。

測光データはまだ最終結果ではない。しかも、一月の観測を終えた時点で使えるデータは３バンドだけ。それでも、やらないよりはましである。塩谷君はコスモス・フィールドで見つかった１２０万個もの銀河の測光赤方偏移を推定した。精度はまだ高くないだろう。しかし、この情報はどう考えても重要である。いろいろな研究の可能性をチェックするガイドラインを提供してくれるからだ。そこで、私たちはスプリーム・

(25) 天体の赤方偏移は，通常はスペクトル観測を行い，静止波長の知られているスペクトル線（輝線でも吸収線でもよい）がどの波長で観測されるか（観測波長）を調べることで決められる（分光赤方偏移）．一方，測光赤方偏移は静止波長帯と観測波長帯におけるスペクトルエネルギー分布の違いを目安に決める赤方偏移である。赤方偏移の測定精度は分光赤方偏移の方がよい．

(26) これは当然だろうと思われるに違いない．しかし，実はそう簡単ではない．天体の精確な位置を決める（アストロメトリー：astrometry）のは思ったより難しい．コスモスの場合はHSTの高分解能イメージがあるので，位置の測定は正直なところ大変だった．

カムの観測で検出された天体のカタログに、測光データだけではなく、測光赤方偏移のデータも付け加えることにした。

二月の観測に行く前に、私たちはこれらのデータをコスモス・チームの皆に公開した。くどいようだが、今一度言っておく。この段階では、一月の観測で取得したB、r'、z'の3バンドのデータに基づくものだ。つまり、いかにも暫定的なカタログであった。公開してもしようがないかとも思った。しかし、何事も“better than nothing”こう割り切ることにした。そして、二月中旬。私たちのチームはまたスプリーム・カムの観測に出かけた（第4話参照）。

37　二〇〇四年　別の二月　その参

私たちがコスモス・チームのメンバーにリリースしたカタログは大きな反響を呼んだ。2平方度合成画像も各バンドで作成し、公開したからだ。このイメージが強烈な印象をメンバーに与えた。何しろ、コスモス・フィールドがどんな様子に見えるのか、まだ誰も知らなかったのである。パロマー天文台のディジタイズド・スカイ・サーベイ画像で垣間見えるのは20等級の天体までである。そこには、とても宇宙進化サーベイを想像できるような世界は見えていない。しかし、ついに見えたのである。

「ファンタスティック!!!」

また、このメールが私の元に舞い込み始めた。大変ありがたい話だ。

これには、実は秘密があった。私たちはＷｅｂにすばる望遠鏡のスプリーム・カムとＨＳＴのＡＣＳのイメージとの比較も載せていた（図１‐24）。コスモス・フィールドの中心の２分角×２分角のイメージの比較だが、見てすぐ気づくことがある。すばる望遠鏡によるイメージの方が、たくさんの天体が写っていて、さらに淡い構造がよく見えている。やはり集光力の差が出ているのである。

しかし、この比較はあまりフェアーではない。もし、０・１秒角の差を問うのであれば、やはりＨＳＴにはかなわないのだ。ただし、分角スケールで比較すれば、すばるの良さがでてくる。ＨＳＴでは詳細な形態の情報を得る。そしてすばる望遠鏡で測光をする。この合わせ業が、まさに離れ業になる。それを、コスモス・チームのメンバーに知らせたかったのである。

この比較はチーム・メンバーにかなりインパクトを与えたようだ。

「おい、これはいけるぞ！」

そういう雰囲気が出てきたのである。

第２話でも紹介したが、銀河研究のトップを走っている研究者は次のように言う。

「可視光でも近赤外線でも、銀河の形態を調べるのであれば、ＨＳＴのデータを使うのが王道であ

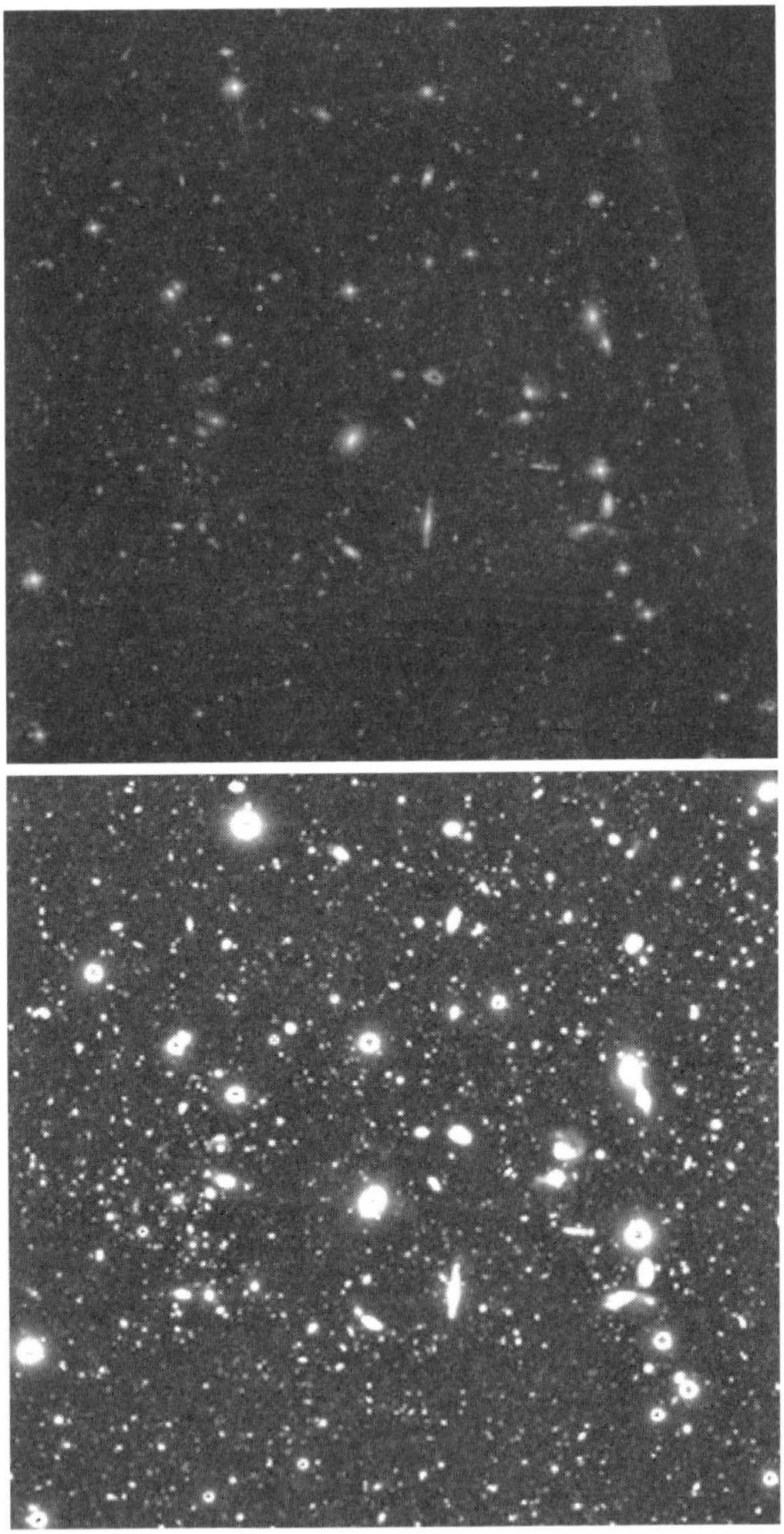

図 1-24　コスモス・フィールドの中心の 2 分角×2 分角のイメージ．（上）HST の ACS によって得られた g' と $I814$ のイメージ．（下）すばる望遠鏡のスプリーム・カムで得られた i' バンドのイメージ．すばる望遠鏡によるイメージの方が，たくさんの天体が写っていて，さらに淡い構造がよく見えている．

る。地上の天文台でのデータをその目的のために使ってはいけない」

二〇〇三年、ニューヨークでのチーム会議の感じでは、スプリーム・カムのデータに大きな期待を寄せている人がそれほどたくさんいるようには思えなかった。ただ一人、ニックを除いて。しかし、事態は大きく変わった。こうなると、コスモス・チームのメンバーの意気込みはすごい。何か面白いアイデアはないか？　そういうギラギラした熱意を皆がもっているように思えた。もちろん、基本は宇宙の大規模構造の進化である。しかし、その意味するところは深い。テーマはおそらく無限にある。

皆、必死にカタログを使って考え始めたようだった。私たちの二月の観測と同時に、コスモス・チーム全体では、ＨＳＴとチャンドラＸ線天文台の観測提案に少しでもアピーリングな結果を出すための戦いが進行していたのである。二〇〇四年、「別の二月」が確かにここにあったのだ。

コスモス。本当にすごいプロジェクト・チームだと思った。

38　二〇〇四年　別の二月　その四

　そして、私たちの解析したデータに関する問い合わせメールがたくさん舞い込むようになった。まず、届いたメールはエヴァ・シネラー（Eva Schinnerer）さんからだった。彼女はコスモスの電波観測を請け負っている。ＶＬＡ(27)でコスモス・フィールドの電波連続光（波長20センチメートル）マップを作る。それが彼女の役割だ。彼女は二〇〇三年に、既にパイロット・サーベイを終え、２００個以上の電波源を検出していた。彼女らはこれらの光学同定を、一日千秋の思いで待っていたのである。彼女からの問い合わせは2つあった。

［1］全ての電波源の光学同定をしてもらえないか。

［2］ダブル・テイル電波源(28)が1個あるが、それが何かを調べたい。

いきなり、ハードな仕事が舞い込んできた。

［1］については村山君が対応してくれた。彼はあっという間に、２００個もの電波源の同定を行い、各バンドでのイメージを並べたＷｅｂサイトを立ち上げてく

(27) VLA = Very Large Array。アメリカ合衆国ニューメキシコ州にある電波干渉計．アメリカ国立電波天文台が運用している．

(28) 活動銀河核の中で，電波の強いクェーサーや電波銀河は、中心核から双極電波ジェットを出している．通常は，相反する 2 方向にすうっと伸びていくが､中には同じ方向にたなびくジェットをもつものがある．それらはダブル・テイル電波源と呼ばれる．

れた。当然のことながら、ほとんどの電波源の場所には銀河があった。しかし、銀河の姿は多種多彩だった。片っ端から分光観測をしなければ本当の正体はわからないだろう。しかし、その多種多彩さはやはり、研究意欲をかきたてるのに十分だった。

［２］の問い合わせには、塩谷君が興味を示してくれた。彼は、ダブル・テイル電波源の電波画像とスプリーム・カムのr'バンドの画像を重ね合わせ、光学対応天体が楕円銀河らしいことを突き止めた。その銀河の周りを見てみると、どうも銀河の個数密度が高くなっているようにみえる（図１‐25）。

「銀河団のようだね」

「そうですね。３バンドの測光データを使って銀河の測光的な性質を調べてみます」

塩谷君はその晩のうちに、いろいろと調べ、一つの結論に達した。翌日、彼はいくつかの図を見せながら私に言った（図１‐26）。

「多分、赤方偏移０・２あたりにある銀河団だと思います。このダブル・テイルを出している銀河は、……その銀河団の中では明るい銀河のように見えますね」

なるほど、理にかなっている。ダブル・テイルはその楕円銀河の活動銀河中心核から出ている電波ジェットであり、それが銀河団ガスと相互作用してたなびいている。どうも、それが一番良いアイデアだった。

早速、エヴァに私たちのアイデアを資料とともに送った。翌日、エヴァから返事が来た。

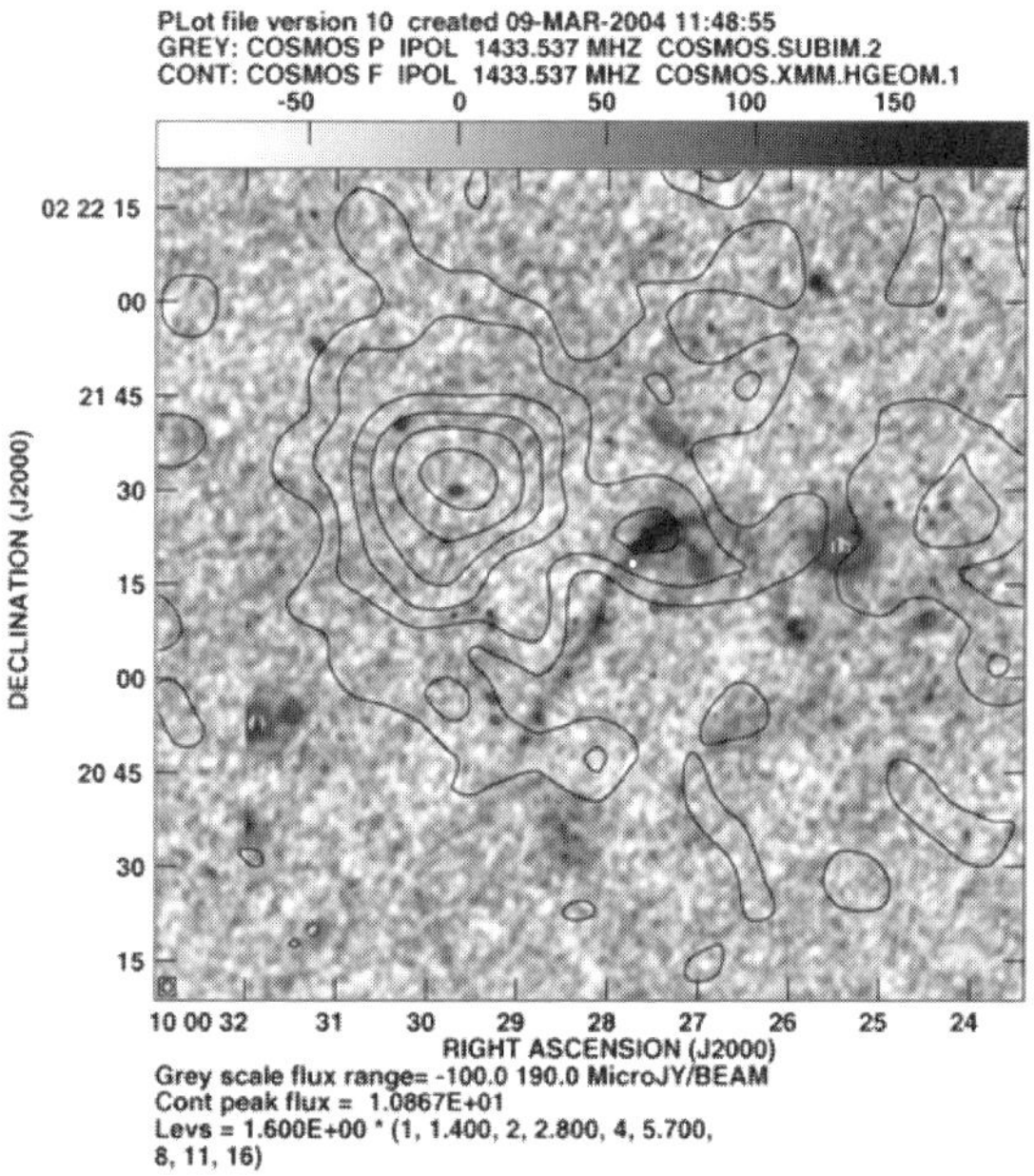

図1-25　VLAで発見されたダブル・テール電波銀河. 波長20センチメートルのイメージでは（グレイスケール），たなびいた2本の電波テールが見える. 比較的コンパクトに写っているものが銀河（スプリーム・カムのr'バンドのイメージ）. コントア（等強度線）はXMM-ニュートンによるソフトX線強度マップ.

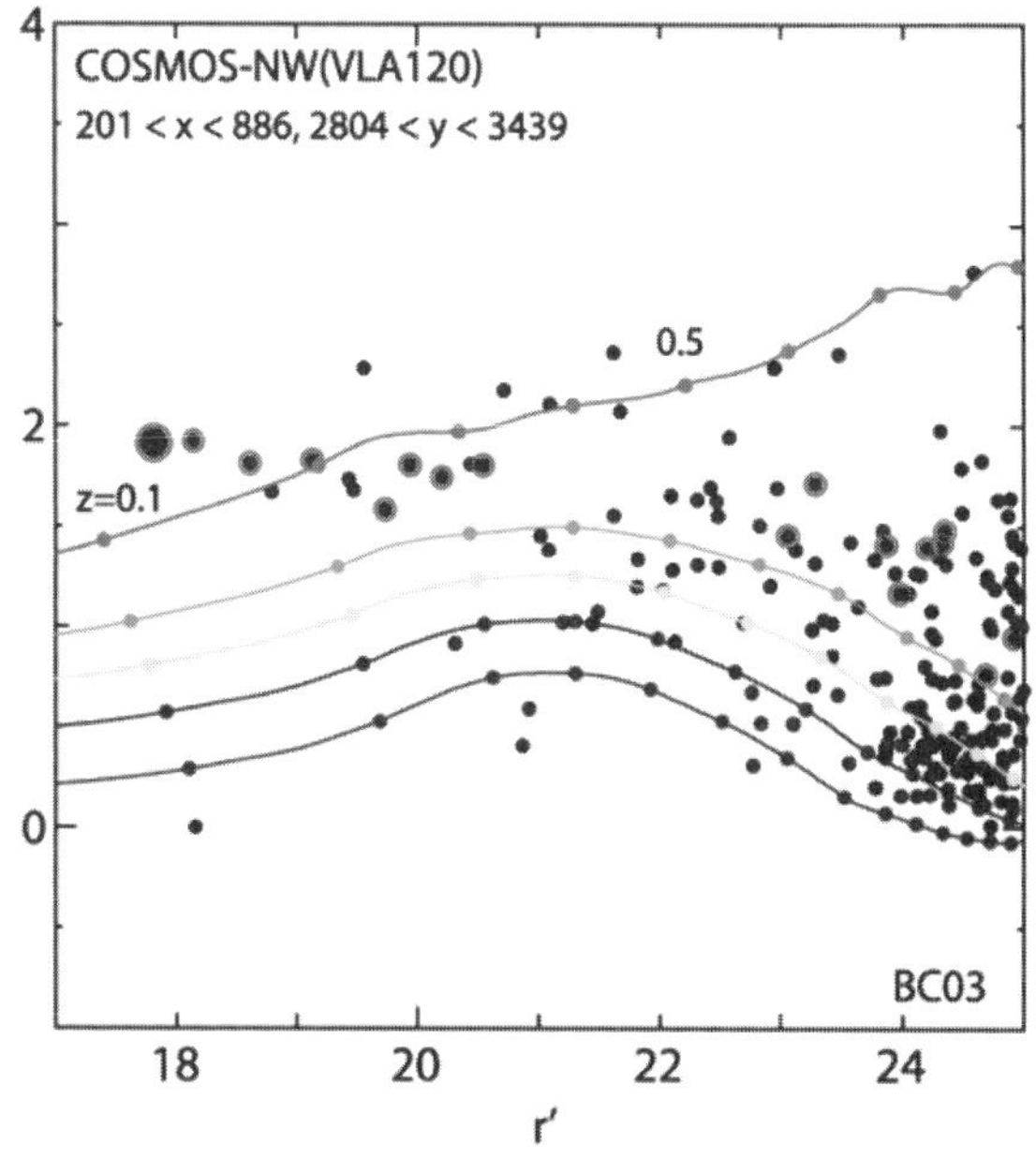

図 1-26　図 1-24 に写っている銀河の色 ($B - r'$)- 等級 (r') 図．黒い点が図 1-24 の中にある銀河．丸印で囲まれて大きく見えるものが photo-z が 0.2 の銀河で，明るいほど色が赤くなる（図中では上側）系列に乗っている．曲線は，上から E，Sa，Sb，Sc、Irr の形状の銀河の SED（スペクトルエネルギー分布）を赤方偏移させたときに期待されるローカス．赤方偏移 0.1 毎にマークを入れてある．

「たぶん、そうだわ」

もう一言添えてあった。

「それにしても、あっという間にわかっちゃったわね」

確かにそうだ。可視光の深い撮像データがあると世界が変わる。

しかし「あっというま」についていえば、村山君と塩谷君の力である。彼らにそっと感謝した。

39　二〇〇四年　別の二月　その伍

次にやってきた問い合わせは、コスモス・フィールドのX線観測を担当している人たちからだった。彼らはXMMニュートンというX線天文台を使って、この時点までに、コスモス・フィールドの約三分の一の天域の観測をソフトX線とハードX線で終えていた。その結果300個以上のX線源を検出していたので、やはりそれらの光学対応天体が何かを調べたかったのである。またもや、村山君がマッハのスピードで対応天体をチェックし、電波源のときと同様に情報をWebに載せた。

X線グループからはもう一つ面白い問い合わせがきた。それは銀河団に関するものだった。

先ほど、塩谷君がコスモス・フィールドの天体の測光赤方偏移を調べたといった。彼は、銀河の空間分布が赤方偏移によって、どのように変わるかをざっと調べていた。その際、赤方偏移（z）が０・７のあたりで大きな銀河団構造があることを発見していた。これは既にコスモス・チームのメンバーに連絡してあったのだが、イタリアのジジ・グッゾ（Luigi Guzzo）氏がこの構造に興味をもった。彼はＸＭＭのデータを調べてみると、まさにそのあたりにソフトＸ線で空間的に広がった構造があることに気づいたのである。そこには、かなり大規模な銀河団がありそうだということになった。

その頃、スプリーム・カムの観測メンバーである宮崎聡氏（国立天文台・ハワイ観測所）は、ウイーク・レンズ（弱い重力レンズ効果）によるコスモス・フィールドの質量マップを調べていた。じつは、一月のスプリーム・カムの観測の際に、コスモス天域の中心領域を i' バンドで撮像した。ＨＳＴ－ＡＣＳの I ８１４のデータも独立に解析して、ウイーク・レンズ効果によるコスモス・フィールドの質量マップを比較するためである。宮崎氏の解析結果をみると、赤方偏移０・７のあたりにある銀河団構造の方向に質量の超過傾向が検出されたのである。

こうして、測光赤方偏移、ソフトＸ線、ウイーク・レンズという3種類の方法で赤方偏移０・７の大規模構造の兆候が見つかった（図１－27）。これがコスモスの面白さなのだと思った。これは私の正直な感想だ。いろいろな波長帯で、いろいろな手法で2平方度の天域を調べ尽くす。コスモス・プロジェクトのエッセンスはこれである。その片鱗が早くも見え始めたのである。痛快だった。

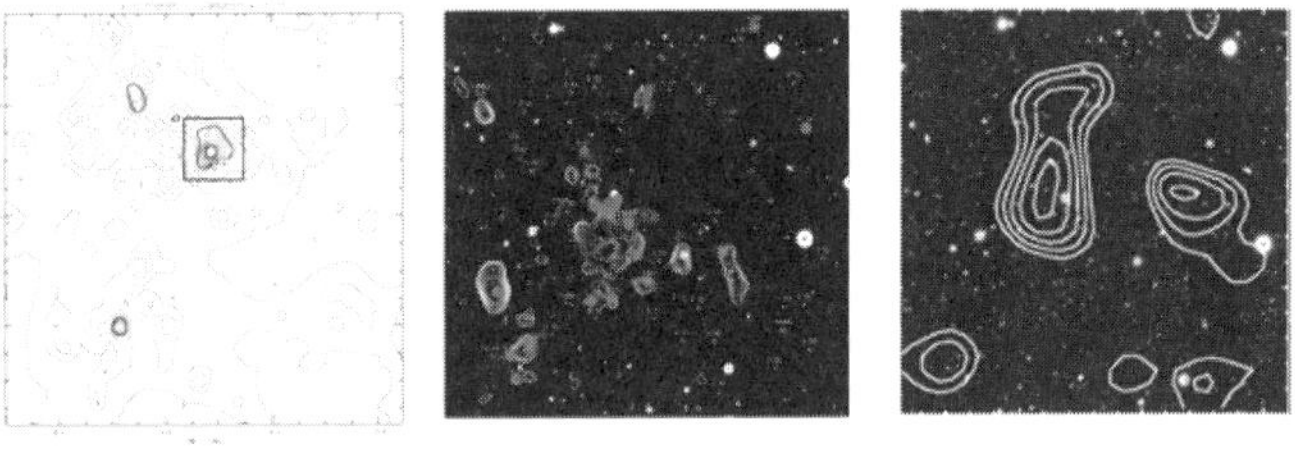

図 1-27　z = 0.7 にある銀河団構造.（左）コスモス・フィールドの北西領域（0.7 度角四方）で赤方偏移が 0.7 ± 0.1 にあると推定される銀河の個数密度をコントア（等密度線）で表している．中央上にボックスで囲った部分に銀河の個数密度が高い領域がある（6.7 分角四方）．（中央）左図のボックス領域の画像（スプリーム・カムの r' バンドイメージ）に XMM ニュートンによるソフト X 線のコントアが描かれている．銀河の個数密度が高い場所はソフト X 線でも検出されていることがわかる．（右）中央と同じ天域の画像（スプリーム・カムの i' バンドイメージ）にウイーク・レンズ解析で検出された質量超過の部分がコントアで示されている．中央の X 線のコントアとやや場所が異なるが，やはり質量の集中している領域が存在することがわかる．

それに拍車をかけるメールが、またイタリアから届いた。今度はグッゾ氏ではない。アンドレア・コマストリ (Andrea Comastri) 氏からだ。驚くべき内容のメールだった。

「ヨシ、例の銀河団構造にある銀河を数十個、VLTのFORS[29]で分光した。ほとんどの銀河の赤方偏移は0・7だ。平均値は0・72。間違いない。大規模な銀河団だ」

あまりの速攻に唖然とした。VLTではVIMOSでコスモス・フィールドの銀河の分光をする計画になっている。コマストリ氏はたまたまFORSの観測時間を持っていたので、ちょっと観測してみた。その結果だった。また一つ、コスモス・チームのパワーを垣間見ることとなった。

そして、もう一つ感心させられたことがある。それは測光赤方偏移の有効性が示されたことである。この段階で使用していたのは、B、r'、z' の３バンドのデータだけである。可視光全域をカバーしているとはいえ、情報量が３バンド分しかないことは事実である。それにもかかわらず、測光赤方偏移０・７の銀河団をキャッチすることができた。今後、バンド数を増やしていけば、測光赤方偏移はかなり有用なツールになるように思えた。なんだか、新たな戦略が見えるような気がした。

40　二〇〇四年　別の二月　その六

ＧＡＬＥＸ（Galaxy Evolution Explorer）チームからも朗報が届いた。

「コスモス・フィールドの観測が完了！」

まさに、多波長プロジェクトの醍醐味である。

ＧＡＬＥＸはＮＡＳＡが宇宙に打ち上げた紫外線望遠鏡（二〇〇三年四月二八日打ち上げ）である。口径はたった50センチメートルしかないが、紫外線による全天サーベイを遂行する重要な使命をもった、紫外線専用の宇宙望遠鏡である。

（29）FORS（＝the visual and near UV FOcal Reducer and low dispersion Spectrograph）：ヨーロッパ南天天文台 Very Large Telescope (VLT) 用の可視光分光器．FORS は２台あり，VLT の１号機（UT1）と２号機（UT2）に付いている．しかし、なぜか FORS1 が UT2 に、FORS2 が UT1 に付いている．多天体分光器である VIMOS(＝the Visible wide field Imager and Multi-Object Spectrograph) の一世代前の分光器であるが，たくさんの優れた成果を出した観測装置の一つである．

図1-28　GALEXによるコスモス・フィールドの紫外線画像．5万個もの銀河が写っている．

コスモス・フィールドの観測はＧＡＬＥＸのギャランティード・タイム（望遠鏡や観測装置で貢献した研究者に与えられる優先的な観測時間のこと）に割り当てられていたので、あっというまにその観測は終わった。ありがたい話である。この観測をやってくれたのは米国、コロンビア大学にいるデーブ・シミノヴィッチ（David Schiminovich）。観測波長域は遠紫外線（Far Ultraviolet＝ＦＵＶ）と近紫外線（Near Ultraviolet＝ＮＵＶ）で、それぞれカバーする波長帯は１３５０〜１７４０オングストロームと１７５０〜２８００オングストロームである。総観測時間は20万秒。約56時間に及ぶ観測であった。

ＦＵＶとＮＵＶのカラー合成画像を図１‐28に示す。ここには５万個もの天体が写っている。撮像の深さという点では、天体からやってくる放射量で直接定義する等級、ＡＢ等級で見て25等どまりである。それほど深い撮像ではないが、口径50センチメートルの望遠鏡のベストだろう。比較的近傍にあるような銀河を見ると、中にはとても異様に見えるものもある。星生成領域だけがクローズアップされているからだ。紫外線で見る宇宙は、私たちの慣れ親しんだものではない。それだからこそ、このデータが重要になる。デーブに深く感謝した。

41　二〇〇四年　ようやく三月　その壱

私たちの二月はスプリーム・カムの観測とそのデータ解析に明け暮れる毎日だった。しかし、コスモス・チームの中では、以上紹介したように、「別の二月」が刻まれていたのである。

観測を続ける私たちにとって、この「別の二月」は嬉しい限りだった。すばるの観測が始まって、わずか２カ月。そのわずかな間に、コスモスには早くもサイエンスの香りがしてきたからである。

しかし、そう楽しんでいるわけにもいかなかった。とにかくスプリーム・カムのデータを解析し、

図1-29　私たちのグループが作成したウェブ・サイト．コスモス・フィールドのすばる望遠鏡による観測がまとめられている．背景の写真はコスモス・フィールドの中心領域のカラー画像で，スプリーム・カムのデータから作成されたもの．

コスモス・チームのメンバーにその結果をいち早く公表しなければならない。じつは、「コスモス」では、「データ取得から半年以内で解析結果をチームメンバーに公表する」というルールをとっている。スプリーム・カムのデータは、それだけでも膨大である。半年以内というのは、正直厳しい。というわけで、ため息をつく暇もない状況が続いた。

二月末になって、ようやくだいたいの解析を終えた。結局、私たちはB、V、r'、i'、そしてz'、の5バンドのデータをスプリーム・カムで取得した。Bの重心波長は4400オングストローム、z'のそれは9500オングストロームである。つまり、可視光全体をほぼカバーしている。各バンドのイメージにはそれぞれ100万個以上の天体が写っている。このデータを使えば、コスモス・フィールドにどのような銀河が、どのように分布しているかが大雑把にはわかる。

これにＨＳＴのＡＣＳによる*I*８１４のイメージが加わる。さらに10万個の天体についてはＶＬＴによる分光観測が予定されている。さらにＸ線、電波、赤外線とデータが揃う。どう考えてもすごすぎる。

最終結果までの道はまだ先だが、暫定的な結果ということで、コスモスチームメンバーへ情報の提供を続けていた。三月中旬にはチャンドラＸ線天文台の観測提案の締切りが控えていたからである。

情報の公開に当たっては、二月に専用のＷｅｂを立ち上げていた。パスワード付きにすることで、チームメンバー以外の人がアクセスできないようにもできるからである。このＷｅｂは佐々木君が作ってくれた。観測のステータス、カタログ、合成画像、サイエンストピックなどの項目を入れ、非常に見やすいものが用意された（図１‐29）。

42　二〇〇四年、三月　その弐

冒頭で、二〇〇四年一月と二月のコスモス・フィールドの観測は、10戦７勝１敗、２引き分けと述

べた。この中で、2引き分けは望遠鏡のトラブルによるもので、2快晴夜を失った2晩のことである。コスモスの観測はインテンシブ・プログラムとして採用されたものである。そして、インテンシブの場合に限ってではあるが、コンペンセーション(=補償、つまり失った夜を補填してくれる)が用意されている。そして、今回はこのコンペンセーションが発動された。

三月十五日と四月十五日。2全夜ではなかったが(1晩強相当)、ハワイ観測所の判断に深く感謝した。

まず三月十五日の観測のため、安食君と私は再びヒロへと向かった。十五日の時間割り当ては午前2時までだった。この頃、マウナケアの天候は荒れ気味で、晴れてはいたがシーイングが悪い(1秒角以上)。z バンドのデータを少しだけ撮って終了となった。こんなこともある。

「これだけのために、わざわざハワイに出かけるなんて」

と、思われるかもしれない。しかし、それは違う。そもそも、天気は誰にも制御できない。苦しい日程をやりくりして、コスモスの観測のために時間を用意してくれただけでもありがたい。確かに、有効なデータは撮れなかった。それでも、ハワイ観測所への感謝の念の方が強く残った。その心を残して、私たちはヒロをあとにした。

(30) 撮像観測で使用される，もっとも一般的なフィルターは広帯域フィルターであり，帯域幅はざっと 1000 オングストロームはある（第 1 話の図 1-7 を参照）．それに対し，狭帯域フィルターは帯域幅は 100 オングストローム程度である．その波長帯に入ってくる輝線天体の探査に用いられる．

仕切りなおしの四月。二月に失った観測のコンペンセーションのための半夜。そして、新たな狭帯域フィルター(30)ＮＢ８１６の観測がある（ＳＯ４Ａ-０８０）。赤方偏移（z）５・７のライマンα輝線銀河の探査である。コスモスの２平方度に渡ってサーベイする。夢のプロジェクトである。コスモスの観測はまだ終わらない。

第6話　回る大望遠鏡事件

43　二〇〇四年　四月　その壱

年度が改まり、二〇〇四年四月を迎えた。しかし、「コスモス」の観測は、まだ終わらない。広帯域フィルターの観測は一月と二月の観測で終えた（第5話までに紹介）。だが、私たちは「コスモス」の観測の特徴を生かした別の観測も目論んでいたのだ。

「コスモス」の最大の特徴は何か？　それはＨＳＴのＡＣＳカメラで*I*バンドの波長帯で２平方度もの広い天域を撮像することである。この*I*バンドの重心波長は８１４ナノメートルである。可視赤外ともいうべき波長帯だ。この波長帯を生かす、格好のフィルターがスプリーム・カムにはある。それは第６話末尾に触れた狭帯域フィルターＮＢ８１６だ。ＮＢは narrow band（狭帯域）を意味する。重心波長が８１５ナノメートル(31)でＡＣＳにおける *I* バンドの重心波長８１４ナノメートルと非常に近い。

では、なぜこの狭帯域フィルターＮＢ８１６による観測が面白いのだろうか?

第5話の注（30）で述べたように、撮像観測で使用される、もっとも一般的なフィルターは広帯域フィルターであり、帯域幅はざっと１０００オングストローム（＝１００ナノメートル）はある(第1話の図1‐7も参照)。それに対し、狭帯域フィルターの帯域幅は１００オングストローム（＝10ナノメートル）程度である。その波長帯に強い輝線が入ると、このフィルターでの等級が明るくなる。つまり、強い輝線放射を出している銀河の探査ができることになる。

ここで、今一度ＡＣＳの *I* バンドに話を戻そう。この波長帯は、実は可視光の観測でかなり意味のある波長帯である。大気外で観測するＨＳＴにとっては、あまり意味はないのだが、地上の天文台で観測する場合、かなりの重要性をもってくるのである。

図1‐30を見ていただこう。この図は大気中のヒドロキシ基（OH）夜光の放射するスペクトルを示している。このスペクトルはハワイ大学天文学研究所のアラン・ストックトン博士が、実際にマウナケアで取得したものである。波長が７００ナノメートル

(31) NB816なので波長が816ナノメートルのように思われるだろうが，その実，815ナノメートルである．これは設計目標値が816ナノメートルだった名残である．フィルターが完成して，実測したところ815ナノメートルだったが，フィルターの名前としてはNB816が使われることになった．

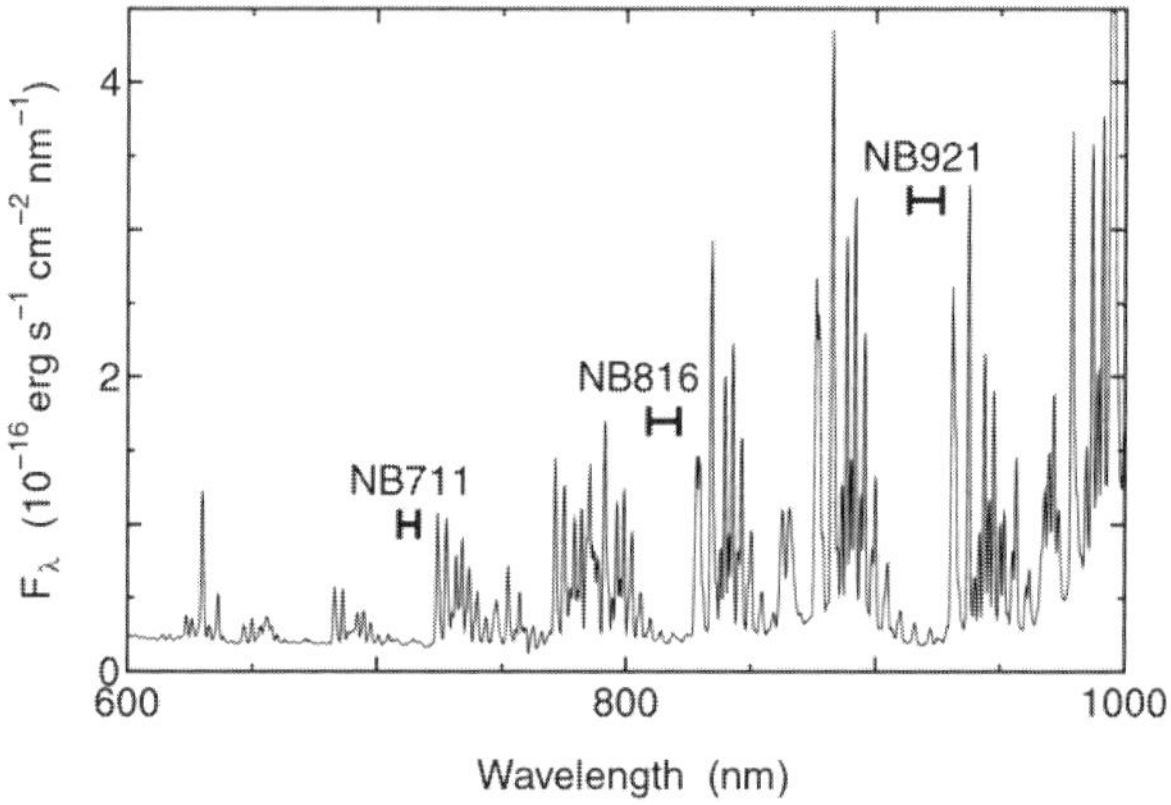

図 1-30　波長 600 ナノメートルから 1000 ナノメートル帯での，地球大気夜光のスペクトル．縦軸は放射強度．スプリーム・カム用の主な 3 枚の NB フィルターのカバーする波長帯が示されている．（夜光のスペクトルはアラン・ストックトン氏の提供）

を超えるとOHのスペクトルがかなり強く放射されていることがわかるだろう。当然ながら、これらの夜光は天体の観測をする際には邪魔なノイズになる。したがって、波長が700ナノメートルを超える帯域で天体を地上の天文台で観測するときには注意が必要になる。

もう一度、図1-30を見てみよう。確かに、波長が700ナノメートルを超えるとOHのスペクトルがかなり強く放射されるが、ところどころOHの輝線が弱い波長帯があることに気づく。それらの波長帯だけを透過するフィルターを使えばOH夜光の影響は受けない。これらの間隙を利用すれば、遠方の暗い天体も観測できる。特に、これらの波長帯に強い輝線が上手く入ってくる天体があれば、面白いように検出できるだろう。この目的のため、すばる望遠鏡のスプリーム・カムには、狭帯域フィルターNB

図 1-31　赤方偏移 z = 5.69 のライマン α 輝線銀河．日本人が赤方偏移 5 の壁を初めて破った，記念すべき天体 LAE J1044 − 0130．（国立天文台，Ajiki et al. 2002 ApJ, 576, L25）
http://www.subarutelescope.org/Pressrelease/2002/08/08/j_index.html

７１１、ＮＢ８１６、そしてＮＢ９２１が用意されたのである。これら３枚の狭帯域フィルターの波長透過幅も図１‐30に示した。

　これらのフィルターを使って、遠方の輝線銀河探査ができる。水素原子の放射するライマンα輝線を狙うものだ[32]。この輝線の静止波長は１２１・６ナノメートルなので、本来ならば紫外線帯に放射されるので観測できない。しかし、遠方銀河が放射する場合は可視光帯で観測することが可能になる。宇宙膨張の影響で、遠方銀河の放射する電磁波は、赤方偏移する。つまり赤い（長い）波長帯にずれてくる。これを利用するのである。例えばＮＢ８１６フィルターで観測する場合を考えてみよう。このフィルターの重心波長は８１５ナノメートルである。赤方偏移を z とすると、水素原子のライマン α 輝線が８１５ナノメートルまで赤方偏移のためシフトしてくるということは、赤方偏移 z は

$$815\ \mathrm{nm} = (1 + z) \times 121.6\ \mathrm{nm}$$

の関係があるためである。この関係式から z を評価すると、赤方偏移（z）5・7 となる。なんと、赤方偏移5・7 のライマン α 輝線銀河が探せるのである。ざっと１２５億光年彼方の銀河である。宇宙年齢が１３８億年だとすると、宇宙が誕生してから、まだ13億年しか経っていない頃の銀河が探せるのである。この方法を用いて、日本人として初めて赤方偏移5の壁を破ったのは、実は私たちのグループである。図1-31にその銀河の直接写真とスペクトルを示した(33)。懐かしい図だ。もう十年以上も前のことなのか、と思ってしまう。

もし、ＮＢ８１６フィルターを使って、コスモス・フィールドの2平方度をサーベイしたらどうなるだろう。赤方偏移が5・7の銀河の空間分布がわかる。また、星生成

(32) 以下の３編の記事を参照されたい．1．谷口義明，安食 優，藤田 忍，長尾 透，塩谷泰広，村山 卓，2003，天文月報，96 巻，34 頁 「口径8m 級望遠鏡の戦国時代を駆け抜ける」，2．谷口義明， 2004，天文月報，97 巻，621 頁 「赤方偏移 6 を超える宇宙へ」，3．太田一陽，2007，天文月報，100 巻，25 頁「z ＝ 7 最遠銀河で暴く宇宙再電離時代」

がどの程度進行しているかもわかる。そして、極めつけはＨＳＴのＡＣＳの画像があることだ。波長帯は８１４ナノメートル。ライマンα銀河の形態が手に取るようにわかってしまうことになる。これをやらずして、コスモス・プロジェクトなし。まさにそう言い切ってもよい観測になる。

44 二〇〇四年　四月　その弐

こうして、四月は狭帯域フィルターの観測をすることになった。再び、ハワイだ。リモート観測も順調に行くことがわかったので、今回もリモートで対応しようと思っていた。しかし、ハワイ観測所から意外な連絡があった。ヒロ市内のホテルが全てふさがっているというのだ。その理由は、なんと、フラダンスの世界大会があるからだという。ヒロで開催されるのはメリーモナークフェスティバルという大会だ。毎年イースターサンデー後の週に開催されることになっている。私たちの観測はちょうどこの時期に重なってしまったのである。フラの世界大会では、しようがない。すごすごと引き下がるしかない。サミットの観測も悪くない（「コ

(33) Ajiki, M., et al. 2002, ApJ, 576, L25 “A New High-Redshift Ly α Emitter: Possible Superwind Galaxy at $z = 5$.”

スモスな日々、第3話〔第98巻、327頁〕を参照〕)。私は、一月の観測のときもサミットにいった。でも、なんだか、久しぶりのような気がした。

この冬は「コスモス」で明け暮れた。濃密な時は、私の体内時計を狂わせたのかもしれない。多分、いつもと違った春を迎えていたのだと思う。

気がつけば、もう四月。「コスモス」天域の赤経は10時である。四月だと、全夜の観測はできない。夜半には「コスモス」天域は沈んでいくからだ。そのため今回は前半夜だけの観測になった。割り当てては0・5夜×5で、2・5夜。四月一六日から二〇日に及ぶ。しかし第5話でも話したように(128頁参照)、二月の「踊る大望遠鏡事件」で失った夜のコンペンセーションがさらに0・5夜入ったので、観測は四月一五日から始まった。

前日、ハレポハクについた私たちは、あまり良い気分ではなかった。天気がパッとしないからだ。晴れたり、曇ったり。こういうときは、データが取れたとしても、あまり良い結果を生まないことが多い。不穏なスタートだが、天気だけはコントロールできない。一五日、とりあえず、ハレポハクを後にし、山頂へと向かった。

やはり、予想は当たった。完全な曇天。何もできずに山頂で待機モードになる。翌一六日。晴れ間が出てきた。しかし、シーイングは良くない。1秒角から1・5秒角あたりをふらふらしている。NB816で狙うのは赤方偏移5・7のライマンα輝線銀河だ。125億光年彼方の銀河を狙うにはしゃきっとしない夜だ。私たちはＮＢ８１６の観測をあきらめ、z’バンドのデータを撮ることにした。このバンドは９００ナノメートル帯で、地球大気のOH夜光の影響を大きく受ける。そのため、深い撮像データを撮ろうとすると、多くの観測時間を要する。一月と二月で取得したが、まだまだ深さが足りない。その補填をしておくことにしたのだ。一七日もぱっとせず、やはり、z’バンドのデータを撮ることにした。

「これはまずいなあ」

なんてことを思っていると、思わぬ事態が発生した。

45　二〇〇四年　四月　その参

突然、画像が変な感じになってしまったのである。星が点像になっていない。画像の中の全ての星が、弧を描くように見える。

「古澤さん、なんだか変ですよ」

画像を見て、古澤さんも首をかしげる。

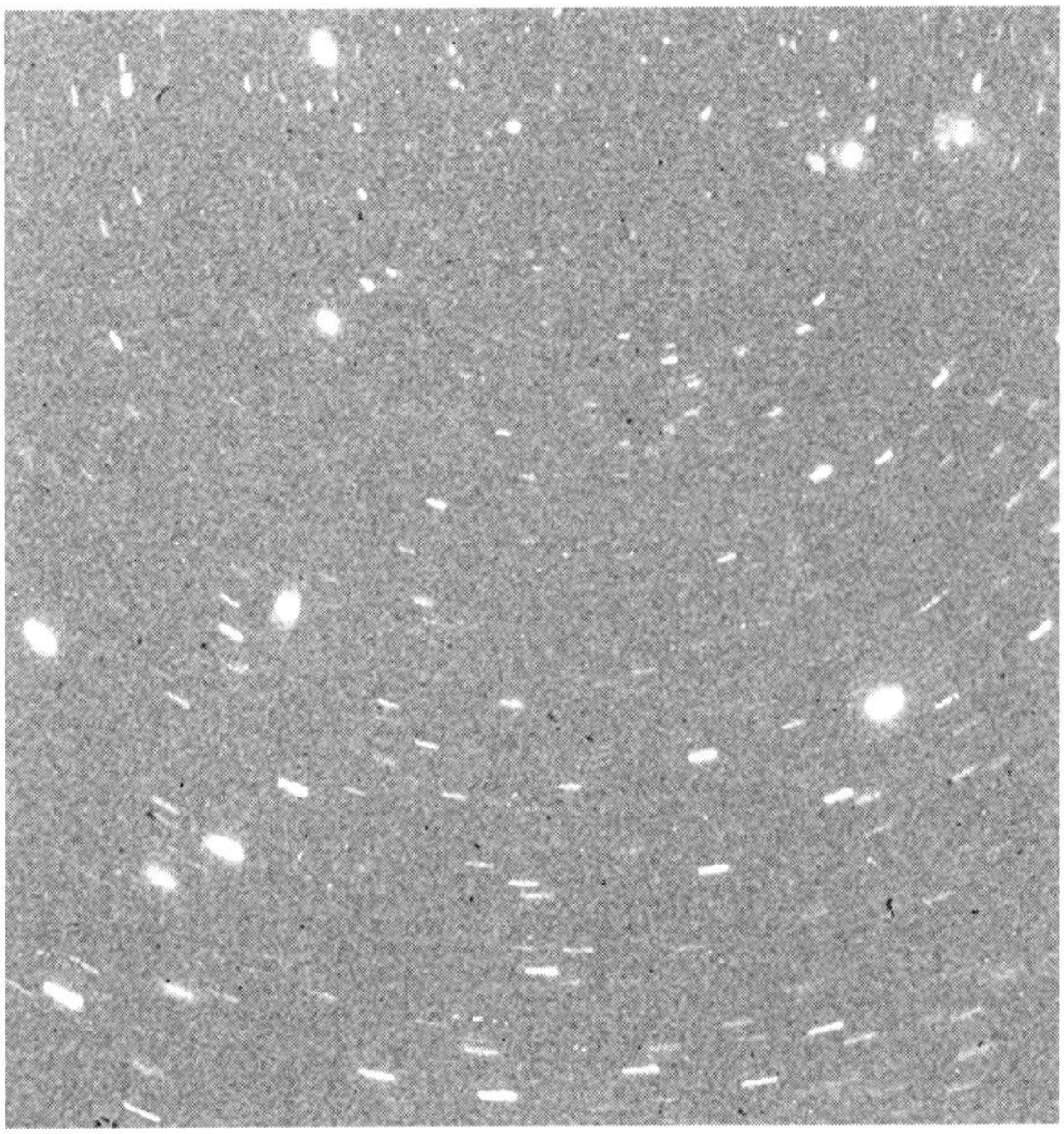

図 1-32　回る大望遠鏡事件の成果．うーむ，まるで日周運動を見ているようだ．

「もう一回、撮ってみてください」

幸い、z' バンドなので、積分時間は3分程度だ。すぐに次の画像のイメージがディスプレイに出た。同じだった。やはり、画像の中の全ての星が、弧を描くように見えるのだ。

とりあえず、データを撮り続けた。しかし、撮っても撮っても、日周運動のイメージになる。

「なんでこうなるの？」

という感じだ。古澤さんが首をかしげる。これはやはり、かなりまずそうだ。

二月の「踊る大望遠鏡事件」が、ふと頭をよぎった（コスモスな日々、第4話）。こうなると、この事件にも名前が必要だろう。誰もが納得する名前

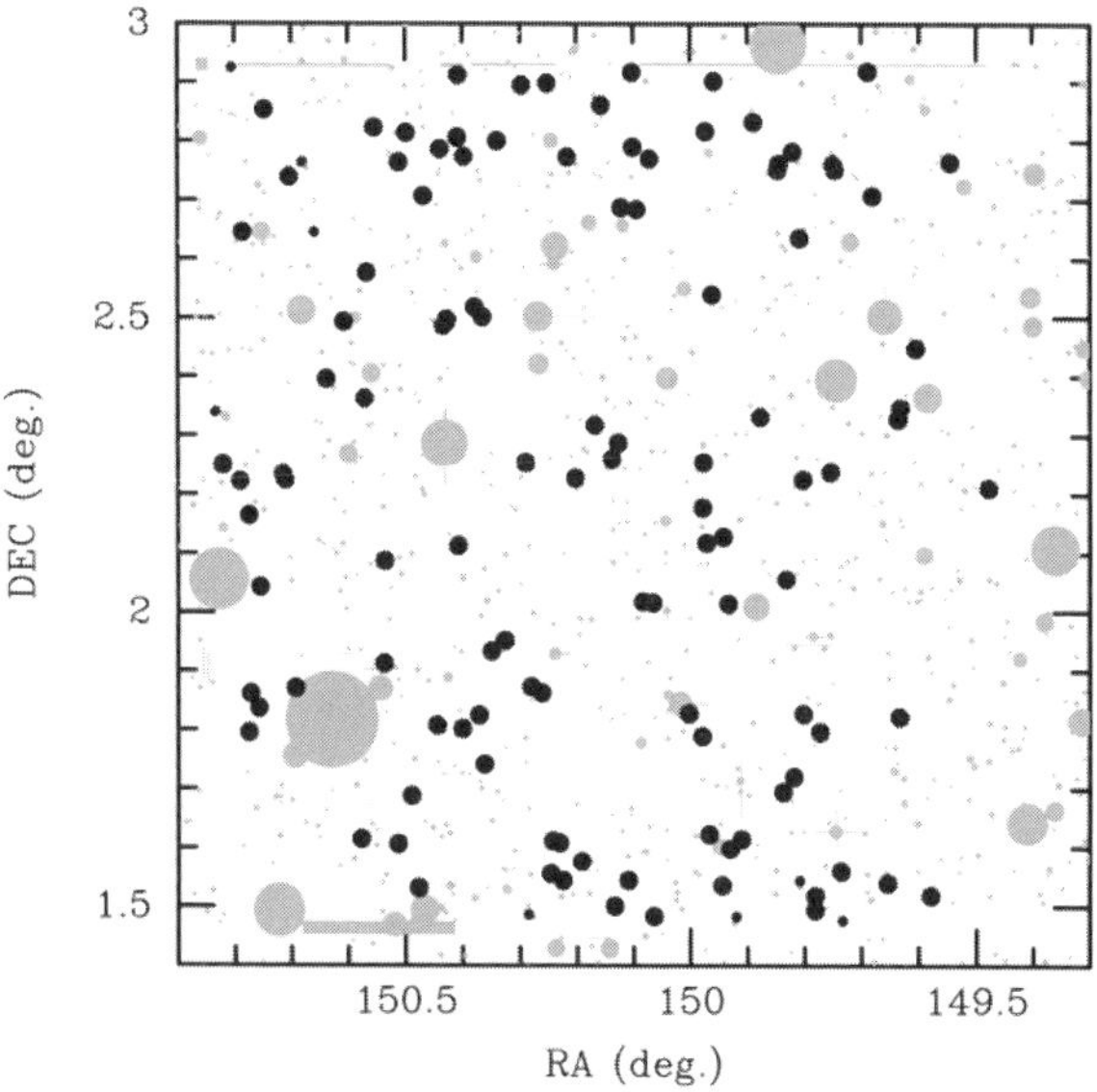

図 1-33　119 個の $z = 5.7$ のライマン α 銀河の空間分布．黒丸がライマン α 輝線銀河．灰色の部分は明るい星の影響などで，解析に使用できなかったエリアを示している． (Murayama, T., et al. 2007, ApJS, 172, 523, "Lyman Alpha Emitters at Redshift 5.7 in the COSMOS Field")

である。

「回る大望遠鏡事件」

まあ、これしかないだろう。よりによって、どうして「コスモス」の観測で大事件が起こるのか？　困ったものである。たくさんの観測時間を使うと、事件に遭遇する確率も増える。そういうことなのだろうと、割り切るしかない。

しかし、この「回る大望遠鏡事件」は、結構深刻な問題であったことがわかった。なんと、望遠鏡の冷却系が熱暴走したため、主焦点周りを制御するコンピュータが誤作動し、そのため、イメージローテータが効かなくなったのである。放っておけばとんでもないことになるようなトラブルだった。次の日は、この補修のため観測そのものがキャンセルになってしまった。これは当然だ。望遠鏡が壊れたら元も子もないからだ。キャンセルの後は、悪天候。結局、四月のランでは、目的のＮＢ８１６のデータは全く撮れなかった。１２５億光年彼方は遠い、ということか(34)。複雑な思いで、ハレポハクを後にした。

46 二〇〇四年　四月　その四

複雑な思いとは裏腹に、達成感はあった。とにかく、今シーズンの「コスモス」の観測が終わったのだ。インテンシブ・プログラムが10晩、「踊る大望遠鏡事件」による補填が１・５晩、そしてＮＢ８１６の観測が2・5晩。合計14晩の闘いだった。補填時間とＮＢ８１６ランは、悪天候と「回る大望遠鏡事件」で、ほぼ全滅した。7勝7敗の痛みわけというところだろうか。

だが、私たちが取得したスプリーム・カムのデータは宝だ。ブロードバンドでB、V、g'、r'、そしてz'の５バンドのデータを得た。これらは、さっそく解析され、コスモスのチームメンバーに結果が渡され、どんどん、サイエンス解析が進んだ。ＨＳＴの観測はまだ終わって

(34) しかし，その後の観測で NB816 のサーベイも終わったので，図 1-33 に $z = 5.7$ のライマン α 輝線銀河の空間分布を示しておいた．

いない。いま、使えるデータはスプリーム・カムのデータなのだ。私たちのデータは、まさにコスモスをプロジェクトにしたと言える。

　シーズンが終わってしまえば、あっという間の出来事だったようにも思う。いくつものトラブルや悪天候と闘いながら、胃の痛くなる日々が続いたことも確かだ。だが、はっきり言えることがある。この観測を乗り切れたのは、若い力があったおかげだ。

　タイトなスケジュールをものともせず、観測とデータ解析を同時に進めてくれた安食優君、佐々木俊二君、角谷涼子さん。彼らはたった三人でこの大仕事をやってのけてくれた。すごいとしか言いようがない。そして、村山卓・塩谷泰広・長尾透の三氏が助けてくれた。彼らの目配り、気配りがなければ、やはりこの大仕事はできなかった。私はといえば、渉外担当というところだろう。ニック、デーブ、バーラム、ハーベらと緊密な連絡を取って対処したことだ。私の貢献は小さい。

　ふと、このすばる望遠鏡の観測に私たちのチームから関わった人数を数えてみた。仕組んだわけではないが、縁起の良い「七」人という数字がでてくる。このシーズン、私たちは確かに「七人の侍」スピリットで闘い抜いたように思う。

47　二〇〇四年　四月　その伍

このNB816の観測をしながら、私は一つの決意をしていた。

「この程度じゃだめだ。もっと、突き抜ける観測をしなければ」

何しろ、世界が相手だ。不足はない。日毎、この思いは強くなっていった。

「コスモス」にとって、いったい何が大切なのだろう。「すばる」が貢献できることは何か？　半端ではいけない。後年、「すばる」が驚異的な仕事をした、と世界が認めてくれるようなこと。それがアピールできなければ、仕事師としては失格である。「コスモス」の観測をしながら、いつもこのことを考えていた。

実は、私には温めていた戦略があった。なんら、自信はない。しかし、私はそっとつぶやいてみた。

「やはり、MAHOROBAか……」

MAHOROBAプロジェクト。それはスプリーム・カムを最大限に生かすために考えた戦略だ。思いついたのは、一九九六年。イギリスのケンブリッジにいた頃だ。

48　一九九六年　初夏　番外編

一九九六年。私は半年間のサバティカル（職務のしばりのない長期休暇で、使いみちは自由）のチャンスを得た。文部省（現在は、文部科学省）の在外研究員として、外国の研究機関の客員研究員として研究ができる。これは願ってもないことだ。私は悩んだ末に、二つの研究機関を選んだ。一つはハワイ大学天文学研究所。そして、もう一つはイギリスの王立グリニッジ天文台（残念ながら、この歴史ある天文台は、閉鎖された）である。ハワイ大学を選んだ理由は、当時、ＥＳＡ（欧州宇宙機関）が打ち上げた赤外線宇宙天文台ＩＳＯを使って、中間赤外線と遠赤外線のディープサーベイプロジェクトをハワイ大学のＬ・コウィー（Len Cowie）氏らとやっていたからである。王立グリニッジ天文台の方は、Ｒ・ターレヴィッチ（Roberto Terlevich）氏のコネクションである。彼は超大質量ブラックホールが嫌いなことで有名な天文学者だ。だが、スターバーストの研究では第一人者で、私も多くのことを彼の研究から学んだ。何か、共同研究ができればありがたいと思っていたのである。

王立グリニッジ天文台はケンブリッジの天文学研究所（Institute of Astronomy ＝ＩｏＡ(35)）

(35) ちなみに，これと機関の略称 IfA があるが、それはハワイ大学天文学研究所 Institute for Astronomy である.

の隣にあり、研究環境は極めてよい。ＩｏＡの所長でロイヤル天文学会の会長でもあるＤ・リンデンベル(Donald Lynden-Bell)、王室天文官でロイヤルソサエティ会長でもあるマーティン・リース(Martin Rees)、アンディー・ファビアン(Andy Fabian)、グリニッチ天文台の台長のＡ・ボクセンバーグ(Alec Boksenberg)など、超有名人がたくさんいる。とにかく、ケンブリッジにいると、研究がはかどる。なぜなら、研究するしか、時間の潰しようのない街だからである。私の滞在は、たった3カ月だった。しかし、このときに考えたことで数年間は論文のネタに困らなかった。一九九八年、私はApJ Letters誌に10編の論文を出した。アメリカでも「タニグチってやつは、眠ってないいんじゃないか？」と噂が出たそうだ。しかし、何のことはない。それらの論文のアイデアの大半はケンブリッジで考えたことだったのである。一九九八年、私は良く眠っていた。

しかし、良いことばかりではない。一九九六年。私はケンブリッジで酷く打ちひしがれる出来事に出会った。それはＩｏＡの図書室で起こった。

ＩｏＡの図書室はかっこいい。なにせ、あのエディントン卿の自宅だった建物にあるからだ。王立グリニッジ天文台から自宅に戻るとき、この図書室を通り抜けると早い。私が帰りがけにここに立ち寄り、新着の雑誌やプレプリントに目を通していた。ある日のこと、私の目はＮａｔｕｒｅ誌に出ていた論文(Lanzetta et al. 1996, Nature, 381, 759)に釘付けになった。論文のタイトルは“Star-forming galaxies at very high redshifts”(＝超高赤方偏移の距離にある星生成中の銀河)。ハッブル・ディープ・

フィールド (Hubble Deep Field ＝ ＨＤＦ(36)) のデータを使って、赤方偏移が5～6の銀河の候補を見つけたという論文だった。当時、日本は口径8・2メートルのすばる望遠鏡を建設している最中である。完成までは、まだ数年かかる。私の抱いていた夢は、すばる望遠鏡ができたら、まさに赤方偏移が5～6の銀河を探して、銀河形成の研究をすることだった。ランツェッタ (Lanzetta) らの論文は、「それをやってみましたよ」、という論文だったのである。

夢破れて銀河あり。こういう言葉があるかどうか知らない。私はしばし、ＩｏＡの図書室に立ち尽くし、動けなかった。一九九六年の七月。私はケンブリッジで、夢を一つなくした。

しかし、すぐにあきらめるわけにはいかない。

「何かないか?」

この問題に対する答えを考える日々が始まった。それは「すばる望遠鏡でできること」ではない。「すばる望遠鏡でしかできないこと」を考える作業だ。口径8・2メートルとはいえ、極論すれば単なる光学赤外線望遠鏡である。そう簡単に突破口は見えなかった。

ある日のこと、私は基本に戻って考え直してみることにした。例えば、遠方銀河を探しだし、銀河形成の様子を研究する場合、どういう方法をとるかという問題である。まず、

(36) HDF の 論 文 は Williams, R., et al. 1996, AJ, 112, 1335 “The Hubble Deep Field: Observations, Data Reduction, and Galaxy Photometry.” URL は http://www.stsci.edu/ftp/science/hdf/hdf.html

撮像観測をし、遠方銀河の候補を探す。探し方は二通りある。一つは通常の広帯域フィルターを使う方である。もう一つは、狭帯域フィルターを使い、輝線天体を探す方法である。ランツェッタらのHDFの観測は前者の方法を使い、赤方偏移が5～6の銀河を探し出した。一方、後者の方法も上手くいき、ハワイ大学のE・M・フー(Esther M. Hu)とIoAのリチャード・G・マクマホン(Richard G. McMahon)は赤方偏移4・55のライマンα輝線銀河を発見している(37)。くしくも、ランツェッタらの発見と同じく一九九六年のことだった。

つまり、どちらの方法を使っても上手くいくということだ。その次のステップは、スペクトル(分光)観測である。探し出した天体が、本当に遠方の銀河かどうかを見極めるためだ。これは意外と難しい観測になる。なにしろ、撮像観測で見つかる遠方の銀河は、当然暗い。下手をすると、1晩に1個の銀河のスペクトルしか撮れないこともある。

まとめると、撮像観測で候補天体を探し、分光観測で確認する、という二つのステップを踏むことになる。漠然とではあるが、

「これを一回で済ますことができたら楽だろうな……」

と、私は思った。

そこで、私は観測の波長分解能に着目してみた。撮像観測は、広帯域フィルターを使う場合、波長分解能(式①)は大体5から10である。フォローアップの分光観測は、天

$R = \lambda / \Delta\lambda$………①

(37) Hu, E. M., & McMahon, R. G. 1996, Nature, 382, 231 “Detection of Lyman- α -emitting galaxies at redshift 4.55”

体が暗いので式①のRはほぼ300〜1000というところだ。これらの数字を眺めていたとき、私は閃いた。

「撮像と分光の中間ぐらいの波長分解能で観測する！」

この場合、観測はもちろん撮像モードでやる。必要なのは波長分解能が50ぐらいの、特別なフィルターだけである。広帯域でもなく、狭帯域でもない。名前を付けるとすれば中帯域フィルターだ。つまり、撮像しながら、同時にスペクトル情報も取れる手法になる。確かに、波長分解能は普通のスペクトル観測に比べると悪い。しかし、所詮普通の分光観測では暗くて難儀する天体たちである。超低分散だが、撮像しながらスペクトル情報を得ることができるのであれば、それはそれでいいじゃないか。諦念。その一歩手前の戦略ともいえる。

しかし、追い風もある。すばる望遠鏡には広視野主焦点カメラ、スプリーム・カムが搭載されるからだ。他の口径8メートル級の望遠鏡にはない、ユニークな観測装置だ。これに中帯域フィルターをつけて撮像すればよいだけのことだ。ただし、可視光全体をカバーする多数の中帯域フィルターを用意しなければならないが。

こうして、私の中では基本戦略ができた。だが、観測実現性を考えるといくつか問題はあった。大きな問題はフィルターの枚数が多いことだ。製作そのものに結構な額の予算がいるだろう。さらに、観測も大変だ。フィルターを換えては、撮像を繰り返すことになるからだ。限界等級をどこまで深く

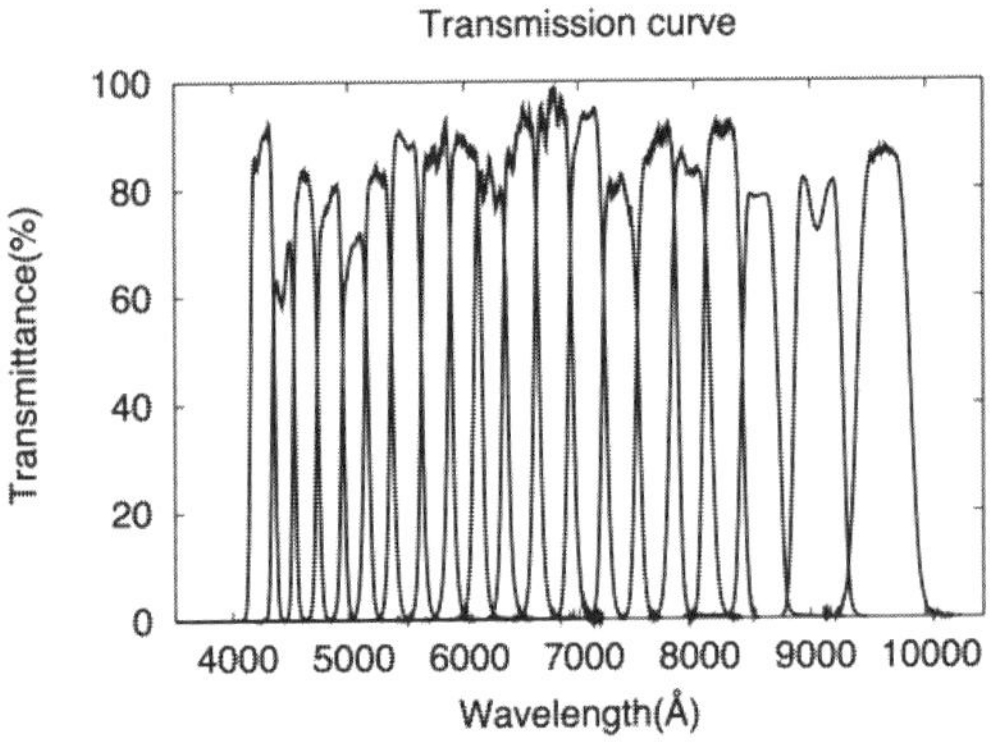

図 1-34　スプリーム・カム用に用意された IA フィルターの透過曲線.

するかにもよるが、一つの天域を観測するだけで、ざっと10晩は必要になるだろう。なにしろターゲットは遠方の銀河だからだ。

しかし、まだ一九九六年。すばるが動き出すまで数年ある。私は、とりあえず基本戦略だけで満足し、ケンブリッジでの滞在を終えた。

49　二〇〇四年、九月　その壱

話は、再び二〇〇四年に戻る。九月には、再びニューヨークで「コスモス」のチーム会議がある。私はこの会議で、新たなプランの話をしようと考えていた。

もう、ケンブリッジでの滞在から、八年もの歳月が流れていた。その間に、スプリーム・カム用の中帯域フィルターシステムは完成を見た（ＩＡフィルターシステムと呼ばれている）。波長分解能は23にし、合計20枚のフィルターが可視光全域をカバーする（図１‐34）。まるで夢のような話だ。ケンブリッジで夢を一つなくしたが、そのおかげで大きな夢がかなったことになる。しかし、私一人でできることは、いつも少ない。多くの方々のご理解と助力があってのことだ。

私は、このＩＡフィルターシステムによるサーベイ計画に〝ＭＡＨＯＲＯＢＡ（まほろば）〟というプロジェクト名を勝手に付けていた。このネーミングは何かの略称ではない。そもそも、素直にプロジェクト名を記せば、Multi Intermediate-Band Survey for High-z Galaxies（高赤方偏移銀河に対する中帯域多バンドサーベイ）のようなものになる。略称を作ってもぱっとしない。そこでMulti のローマ字表記の「ま」だけ頂いて、ＭＡＨＯＲＯＢＡにしたのだ。「大和は国のまほろば」、このまほろばである。すばる望遠鏡のユーザーにとって、スプリーム・カムは、まさに「まほろば」である。そういう思いを込めてつけた。

ＩＡフィルターシステムのお披露目は、二〇〇二年にやってきた。すばる望遠鏡の生みの親だった小平桂一先生が提案されたプロポーザルが採択されたからだ。使ったＩＡフィルターは７枚。まだ、テスト段階という感じだ。観測ターゲットはＳＸＤＳ(38)にした。このフィールドはすばる望遠鏡の観測所プロジェクトで観測されていたので、既に広帯域フィルターのデータが取得されていた。*B*、*Rc*、*i'*、そして*z'*のデータである。これに７枚の

(38) Subaru XMM-Newton Deep Survey の略．すばる望遠鏡とXMM-Newton 望遠鏡の共同プロジェクトであり，他の波長帯のサーベイも絡む，大規模プロジェクトである．

IAフィルターのデータを足すと、都合11枚分のバンドで観測データが揃う。私たちはこの観測データをMAHOROBA－11と呼ぶことにした。論文の主著者である山田早苗さんが

「先生、論文のタイトルもそれで行きましょう」

と、言ってくれたときは嬉しかった(39)。

MAHOROBA－11の凄さを示すのが図1－35である。輝線銀河が見事に検出されているのがわかるだろう。MAHOROBAは、まさに波長分解能23のスペクトル観測なのである。

50　二〇〇四年　九月　その弐

そして、再びニューヨーク。会場は昨年と同じく、アメリカ自然史科学博物館（第一部第2話、もしくは「天文月報」第98巻、90頁を参照）だ。この会議で、私はスプリーム・カムの観測のサマリーを話した。NB816は残念ながらだめだったが、広帯域フィルター

(39) Yamada, F. S., et al. 2005, PASJ, 57, 881 “An Intermediate-Band Imaging Survey for High-Redshift Lyman Alpha Emitters: The Mahoroba-11”

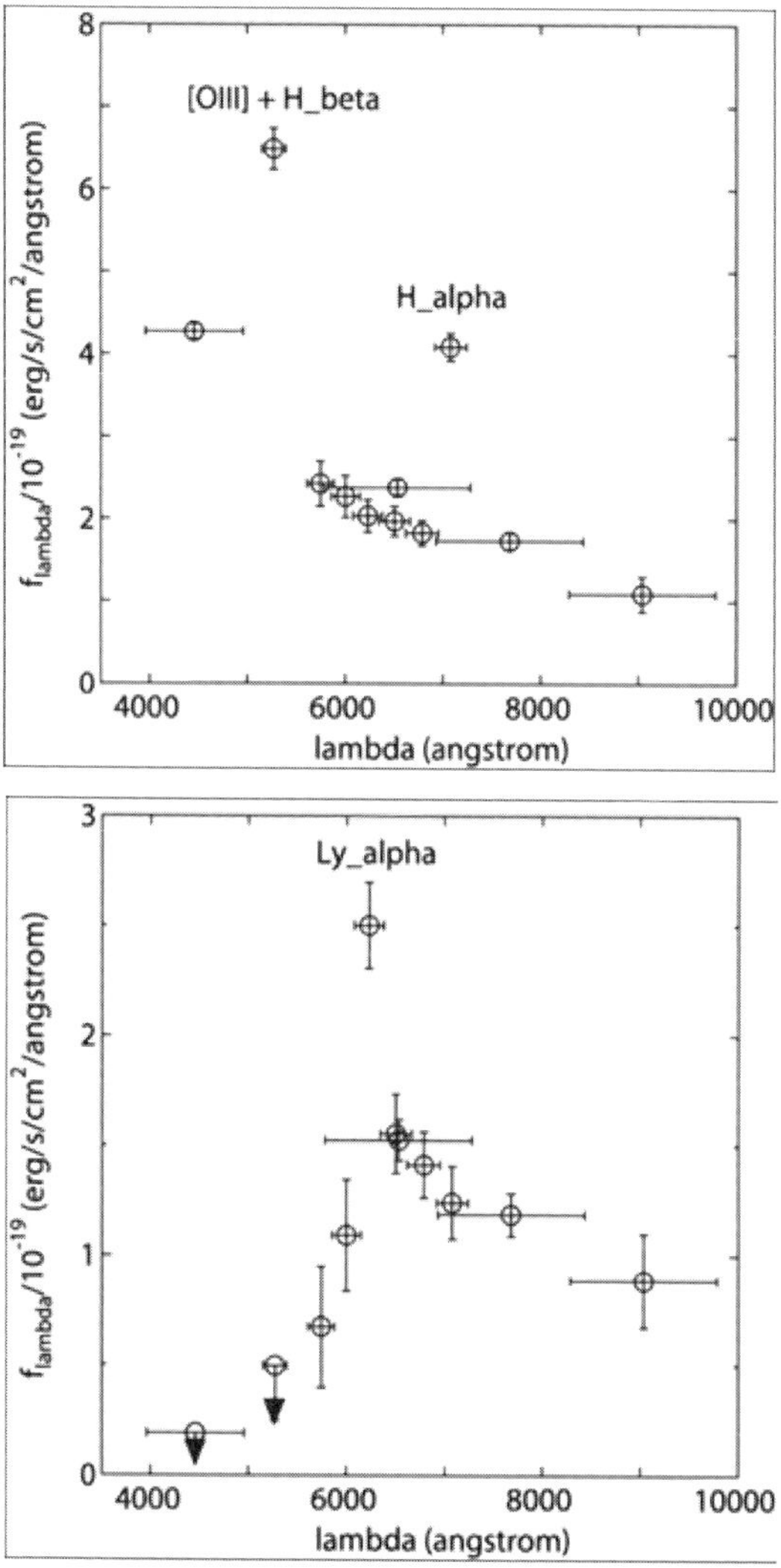

図 1-35　MAHOROBA－11 で捉えられた輝線銀河のスペクトルエネルギー分布．赤方偏移 0.05 の H α輝線銀河 (上) と赤方偏移 4.13 のライマン α 輝線銀河 (下) の例を示す．

のデータはうまく撮れた。これらのことは皆、先刻承知である。私は来期からのプランに重きを置いて話すことにした。

「来期もスプリーム・カムの観測提案を出すことになる。ただ、少し趣向を凝らしてみたい。じつは、スプリーム・カム用に中帯域フィルターシステムを作った」

ここで、私はフィルターの透過曲線の図1 - 34を見せた。

「既に、テスト観測はやってみたが、結構上手くいっている」

今度は、MAHOROBA-11で捉えられた輝線銀河のスペクトルエネルギー分布の例（図1 - 35）を見せた。

「NB816だけでなく、この中帯域フィルターを組み合わせてやってはどうかと思う。Photo-zの精度は格段に良くなるし、系統的な輝線銀河探査もできる。どうだろう？」

「そんな素晴らしいフィルターシステムがあるなら、是非やったらいい」

チームの意見はこの言葉で集約された。

そして、ニックが聞いてきた。

「ヨシ、MAHOROBAって何だ？」

「日本の古語で、the best place（このうえなくすばらしい土地）、あるいはthe most comfortable place（いちばん快適な場所）という意味だけど」

「なるほど、ＭＡＨＯＲＯＢＡか。いい言葉だ」

こうして、あっさりと「コスモス」でＭＡＨＯＲＯＢＡを発動することが決まった。

一九九六年にケンブリッジで育まれたＭＡＨＯＲＯＢＡ計画は、この二〇〇四年、超ビッグプロジェクト「コスモス」で胎動し始めた。これは望外の幸せとしか言いようがない。実は、ＭＡＨＯＲＯＢＡのことを考えていたとき、今後の観測プロジェクトには欠かせない要素が一つあると思っていた。それはＨＳＴの撮像データがあることである。銀河の研究業界では「撮像はＨＳＴで、フォローアップは地上の天文台でやる」というトレンドが出来上がっていた。ＨＳＴとケック望遠鏡のコンビによる成果だ。

「コスモス」なら万々歳である。１００万個以上の銀河のＡＣＳ画像がある。０・０５秒角の分解能で、銀河の形を調べることができる。これにＭＡＨＯＲＯＢＡを加えれば無敵だ。

私の気持ちは早くも二〇〇五年に動いていた。

第7話「コスモス」――回顧、サイエンス、展望

51 二〇〇五年一〇月 その壱「京都チーム会議」

前回の話は二〇〇四年九月にニューヨークで開かれた「コスモス」のチーム会議の話で終わった。この会議ではMAHOROBA計画の発動だけでなく、もう一つ大切なことが決まった。次回のチーム会議を京都でやることだ。〇五年五月。コスモスの精鋭たちが京都に結集する。これは大変だ。当然、ホスト役は私に回ってくる。また、山のように仕事が降ってくるということだ。

それにしても、ちょっと困った。場所は京都だ。会場の設定を私の当時の勤務地である仙台から行うのはほぼ無理だ。だが、名案を思いついた。

「京都大学には共同研究者だった太田耕司氏がいる。彼にお願いすることでこの問題は片づくはずだ。」

何とか、太田氏の快諾を得ることができ、京都でのチーム会議はおよそ80人の参加者を得、５日間に及んだ会期を大成功で終えることができた。

京都での会議では観測成果も出始めていた。特に、すばる望遠鏡の観測がだいぶ進んだので、コスモス天域の全貌が見えてきたことは大きな進展だった。すばる望遠鏡の撮影した画像の中に１００万個もの銀河の姿を見ていたからだ。そのためいやが上にも議論が盛り上がることになった。私も、すばる望遠鏡の観測で見つかった１２５億光年彼方、言い替えれば宇宙誕生からわずか13億年後の銀河の話をして喝采を浴びた。私が偉いのではなく、すばる望遠鏡が偉いのだが……。

52　二〇〇五年　一〇月　その弐　年２回のチーム会議・再び京都

チーム会議も終わりに近づくと、次回の会議の場所が話題になる。〇六年はなんと２回のチーム会議を開催することになった。三月にイタリアのベニスで、九月にドイツのミュンヘンでの開催が決まったのだ。

なぜ2回か？　この年の本来のチーム会議は九月のミュンヘンでの会だったが、三月にはベニスで「銀河の多波長観測」に関する国際研究会が開催される予定もあった。ベニスの研究会は、科学組織委員にコスモス・プロジェクトの重鎮であるアルビオ・レンツィニ（Alvio Renzini）らが名を連ねていた上、私も含めて何人ものコスモス・プロジェクトのメンバーによる招待講演が予定され、同プロジェクトのメンバーが多数参加することにもなっていた。そういうことならいっそ「チーム会議をしよう」という話になった。これが、年2回のチーム会議が実現したいきさつだ。

チーム会議が年1回というスケジュールは今日まで続いており、二〇一七年には再び京都で開かれることになっていて、ホストは私に割り振られている。

53　今日　すばる望遠鏡から世界へ　……コスモス・プロジェクトの発進

コスモス・プロジェクトはハッブル宇宙望遠鏡（ＨＳＴ）のトレジャリー・プログラムとして始まった。ＨＳＴの高性能サーベイカメラであるＡＣＳで2平方度もの広い視野を観測するプロジェクト

図 1-36　COSMOS 天域と月（合成写真）．月の視直径は約 0.5 度である．COSMOS 天域（1.4 度角 × 1.4 度角）は月が 9 個並ぶような広さに相当する．

であった。そして、すばる望遠鏡のスプリーム・カムによる可視光撮像サーベイが続き、コスモス天域にある１００万個もの銀河の性質が明らかになった（図１－36）。すばる望遠鏡でコスモス天域の観測に費やした夜数は40晩に及んだ。すばる望遠鏡の一晩のランニング・コストは１０００万円である。つまり、「コスモス」への参加で総4億円もの費用がかかったことになる。それが高いか安いかはコスモス・プロジェクトの研究成果の出来に依存するだろう。

54 コスモス・プロジェクトへの「すばる」参加の意義

個人的には十分に元を取れたと考えている。まず、すばる望遠鏡の名前が売れたことである。コス

図 1-37　すばる望遠鏡（ドームの中に見える望遠鏡）．左下にある施設は観測棟で，望遠鏡のオペレータと観測者はここで望遠鏡の制御や観測を行う．左上に見えるのはケック望遠鏡 1 号機．（提供，国立天文台）

モス・プロジェクトには世界的に有名な天文学者が名を連ねている。そして、メンバーの全員がすばる望遠鏡のウルトラ高性能に酔いしれた。彼らはことある度にすばる望遠鏡の素晴らしさを仲間に吹聴したのは言うまでもない。すばる望遠鏡（図1－37）の強敵は多い。マウナケア天文台には口径10メートルのケック望遠鏡が2台ある（図1－38）。カリフォルニア大学連合が運用しているものだ。そして、米国国立光学天文台がマウナケア山頂で運用している口径8メートルのジェミニ北望遠鏡がある。双子のジェミニ南望遠鏡は南米チリにある。そして、そのチリにはヨーロッパ南天天文台が運用する口径8・2メートルのVLT（Very Large Telescope）が4台もあるのだ。

　大望遠鏡の仲間たちではあるが、当然のことながら競争原理の中でしのぎを削っている。その中にあって、すばる望遠鏡の知名度がコスモス・プロジェクトのお

図 1-38　マウナケア天文台群．マウナケア山頂に世界各国・地域の天文台がひしめくように立地している様子をこう呼んでいる．真ん中に２台並んでいるのがケック望遠鏡．その左にあるのがすばる望遠鏡．右から２番目がジェミニ北望遠鏡．（提供，国立天文台）

かげで一気に上がったのだ。

すばる望遠鏡のライバルたちとの比較を図１‐39に示す。運用開始から、論文数がどのように推移しているかが示されている。ケック望遠鏡は２台、ＶＬＴは４台あることを考えると、すばる望遠鏡の論文出版率の高さは群を抜いている。これはもちろん多くのすばる望遠鏡のユーザーが努力している証拠である。そして、コスモス・プロジェクトは論文生産という意味では、非常に大きな貢献をしている。私たちは二〇〇七年、米国の天体物理学雑誌 The Astrophysical Journal のサプリメント（別冊）にコスモス・プロジェクトの特集号を出版した。数十編の論文が一挙に掲載されたのである。プロジェクトの勢いを物語る出来事だ。

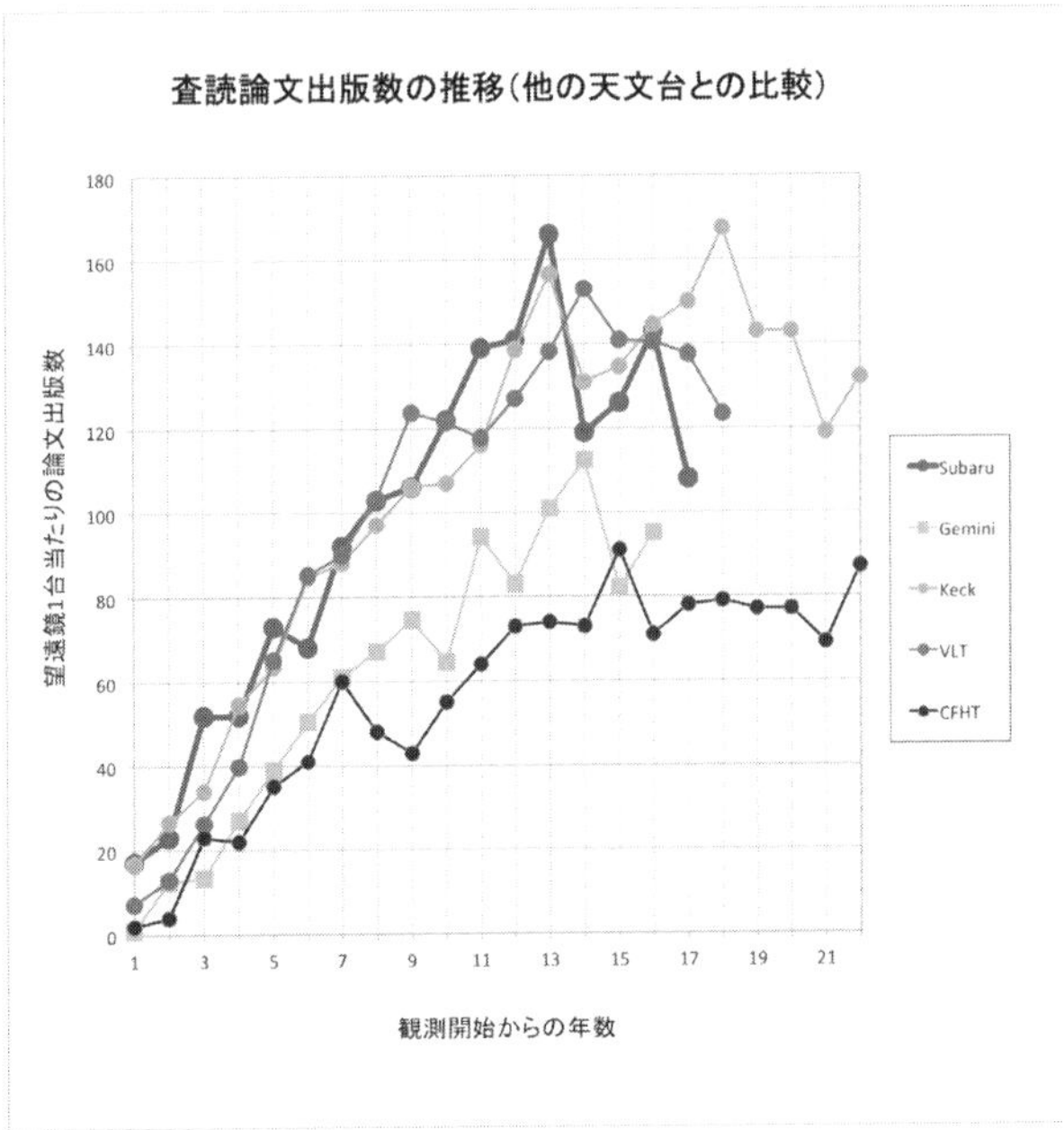

図 1-39　論文数の比較．13 年経過してから少し下がっているように見えるが，それは主焦点カメラの故障などの影響であり，新しいハイパー・スプリーム・カムが運用され始めているので，すぐに盛り返すことが予想されている．図中の CFHT はマウナケア天文台にあるカナダ・フランス・ハワイ望遠鏡天文台である．（提供：国立天文台すばる室，吉田千枝氏）

また、論文は数だけではない。どのぐらい他の論文に引用されるかも大切なファクターである。コスモス・プロジェクトは銀河や宇宙の大規模構造の研究で重要な成果を上げてきているので、引用率も格段に良いのだ。

55　すばる望遠鏡独自の観測成果……ＳＤＦ、超遠方銀河の発見

さて、こう書くとすばる望遠鏡の成果はコスモス・プロジェクトに代表されるように誤解されそうである。それは違う。すばる望遠鏡はコスモス・プロジェクト以外にも独自のプロジェクトを推進してきた。また、個別の観測プログラムでも大きな成果を上げてきたからだ。

そこで、私が参加したコスモス・プロジェクト以外の成果を一つ紹介しておこう。それは「すばるディープ・フィールド（ＳＤＦ）」だ。すばる望遠鏡の最大の特徴はこれまでも述べてきたように、他の大型望遠鏡にはない、広視野カメラである。スプリーム・カムのことだ。すばる望遠鏡を建設してきた研究者や技術者の方々には、わずかではあるが観測時間が与えられていた。一人ひとりの観測時間はわずかだ。しかし、みんなの観測時間を束ねれば、かなりのまとまった観測時間を確保できる。そこで彼らは結集した。みんなの観測時間を合わせて、すばる望遠鏡ならではのディープ・サーベイをやってみよう。それがＳＤＦというプロジェクトに結実したのである。

私自身はすばる望遠鏡の建設にはタッチしていなかった。しかし、遠方銀河探査のためのフィルターを作成して、わずかばかりの貢献をしていた。そのおかげでＳＤＦチームのメンバーに入れていた

最遠方銀河の世界記録　2005年版

No.	Name	z	Tel.	Method	Ref.
1	SDF132522	6.597	Subaru	NB	Taniguchi05
2	SDF132432	6.580	Subaru	NB	Taniguchi05
3	SDF132528	6.578	Subaru	NB	Taniguchi05
4	SDF132418	6.578	Subaru	NB	Kodaira03
5	HCM-6A	6.56	Keck	NB/GL	Hu02
6	SDF132408	6.554	Subaru	NB	Taniguchi05
7	SEXSI-SER	6.545	Keck	X	Stern04
8	SDF132415	6.542	Subaru	NB	Kodaira03
9	SDF132353	6.541	Subaru	NB	Taniguchi05
10	SDF132552	6.540	Subaru	NB	Taniguchi05
11	LALA142442	6.535	Keck	NB	Rhoads04
12	KCS 1166	6.518	VLT	GRISM	Kurk04
13	SDF132418	6.506	Subaru	NB	Taniguchi05
14	SDF132440	6.330	Subaru	NB/Cont	Nagao04
15	0226-04LAE	6.17	CFHT/VLT	NB/Cont	Cuby03

図 1-40　2005 年における遠方銀河の記録．一番右の「 Ref.」欄には，該当する論文をコードで示してある．この欄の「Taniguchi05」は私たちが 2005 年に出版した論文を意味する．

だき、128億光年彼方の銀河の探査を行うことができた。赤方偏移でいうと z＝6・6である。人類が赤方偏移の記録として z＝5（125億光年の距離）を超えたのが一九九八年である。その後、z＝6（128億光年の距離）を超えたのは二〇〇二年のことだ。すばる望遠鏡の宿敵であるケック望遠鏡を使って発見された。先を越されたものの、私たちはなにくそという気持ちで z＝6・6の銀河を探した。結果的には50個を超える銀河を発見することができた。〇五年、当時の遠方銀河のレコードはSDFチームが独占した（図1‐40）。SDFの快進撃は、世界が瞠目した。私はこのおかげで国際研究会の招待講演を10回以上こなすはめになり、うれしい悲鳴をあげた。

　私はすばるができる前、ヨーロッパ宇宙機関（ESA）が打ち上げた赤外線宇宙天文台（ISO、

Infrared Space Observatory）で中間赤外線や遠赤外線でディープ・サーベイを行った経験があった。その後、マウナケア天文台にあるＪＣＭＴ電波望遠鏡で世界初のサブミリ波帯でのディープ・サーベイもやった。一九九〇年代後半のことだ。なんのことはない。ディープ・サーベイ三昧の研究生活を行ってきていた。

二〇〇三年．イタリアのベニスで開催された国際研究会ではＳＤＦの成果を提げて招待講演を行った。z＝６・６の銀河を多数発見したので、大喝采を浴びた。それ自体、大変嬉しいことだった。ただ、もっと嬉しいことがあった。それはＩＳＯでお世話になった研究者から言われた言葉だ。

「すばる望遠鏡ができたら、お前が成果を出すと思っていた」

感無量だった。しかし、この言葉は私に与えられたものではない。すばる望遠鏡を作った人たちに与えられたのだ。

56 ハッブル宇宙望遠鏡の挑戦

コスモス・プロジェクトはＨＳＴで行われた史上最大の広域サーベイである。ＨＳＴでは幾つかの

サーベイが行われてきているが、科学上の目的に応じて

・ディープサーベイ

UDF（正式にはHUDF、Hubble Ultra Deep Field、ハッブル超深宇宙探査）

HDF（Hubble Deep Field、ハッブル深宇宙探査）

・ディープと広域の中間的なサーベイ

GOODS（Great Observatories Origins Deep Survey(40)）

GEMS（Galaxy Evolution from Morphology & SED(41)）

・広域のサーベイ

COSMOS（Cosmic Evolution Survey、宇宙進化サーベイ）

の3種類に分類される（図1‐41）。

57 コスモス・プロジェクトの役割

(40) Great Observatories は NASA の運用する偉大な天文台群，HST，スピッツァー宇宙望遠鏡（赤外線宇宙天文台），チャンドラ X 線天文台を指す，Origins は宇宙の起源，銀河の起源，星の起源，人類の起源などをトータルに調べることを意味している．

(41) Morphology は，銀河の形態，SED はスペクトル・エネルギー分布を意味する．

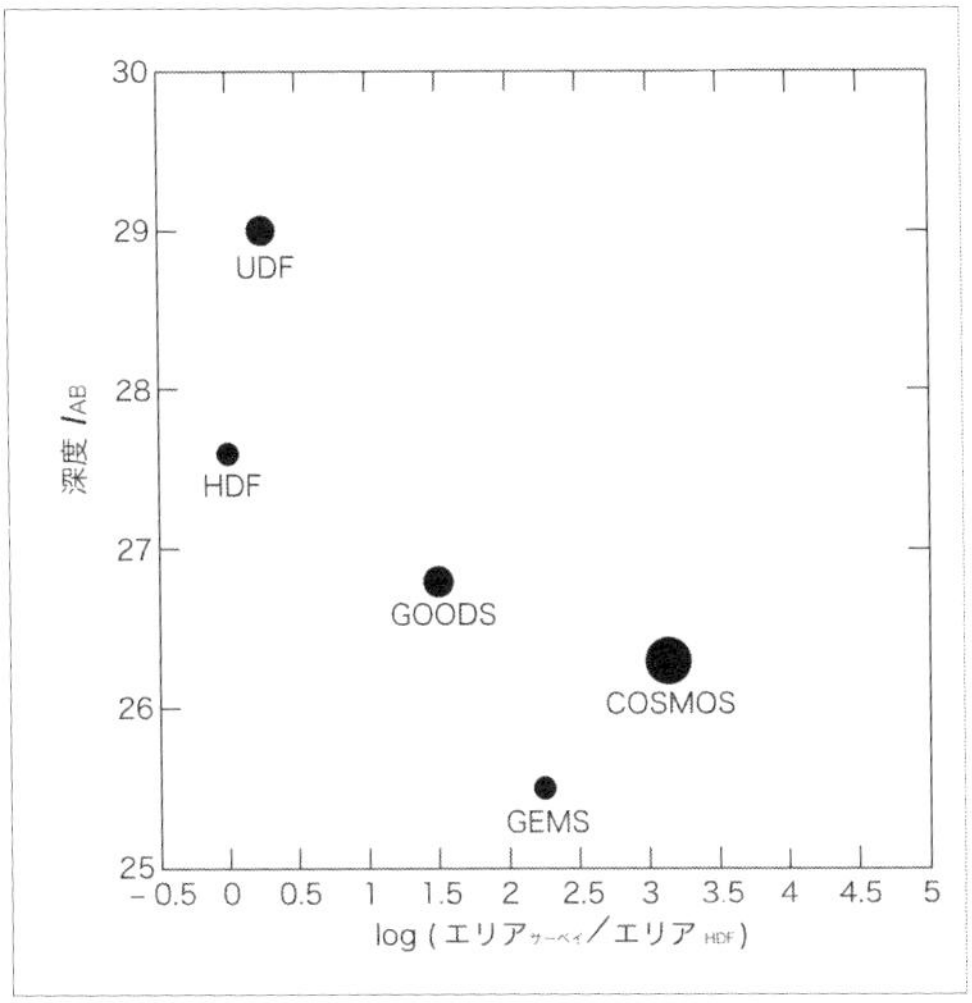

図 1-41　HST で行われたコスモス・プロジェクト以前のサーベイ観測との比較．縦軸は可視光 I バンド（重心波長 814 ナノメートル）での検出限界等級，横軸は HDF に相対的なサーベイエリアの広さ．

ディープサーベイの目的はわかりやすい。とにかく、一番遠い銀河を探すことが目的だからだ。銀河は、いつ、どのように誕生したのか？その答えを得るためだ。

では、コスモス・プロジェクトのような広域サーベイの研究目標はどこにあるのだろうか？　それは、銀河の誕生ではなく、銀河の進化を明らかにすることにある。現在、宇宙の年齢は１３８億歳である。銀河の誕生は宇宙年齢でいうと、約2億歳の頃だろうと考えられている。誕生とはいえ、現在のような大きな銀河が突然生まれたわけではない。質量で見れば、現在の銀河の１００万分の1程度の規模で星が生まれ始め（銀河の種）、その後、周辺にあった銀河の種が多数合体して現在のような銀河に育ってきたのだ。しかし、誰もその様子を見ていない。

58 銀河進化の深刻な問題

じつは、銀河の進化には、一つ深刻な問題があった。一九八〇年代になって銀河や銀河の集団（銀河団）などの構造がどのように形成されてきたかが勢力的に調べられるようになった。当時、コンピュータの計算能力が上がったことも幸いした。ところが、大きな壁に突き当たることになった。物質が足りないのだ。

私たちの身体、地球、太陽などの星。銀河もそうだ。すべて、原子でできている。私たちの知っている、普通の物質だ。水素、ヘリウム、炭素、窒素、酸素、鉄など、さまざまな元素が物質世界を作っている。意外に思われるかもしれないが、これらの元素は宇宙に無尽蔵にあるわけではない。

宇宙創生の詳細はよくわかっていないが、現在信じられているアイデアは「ビッグバン宇宙論」である。宇宙は、何もないところから突然生まれ、急激な膨張を経て灼熱の火の玉になった。その熱エネルギーで膨張し、現在に至っているというのだ。この理論に従えば、元素が生まれたのは宇宙最初の３分間だけである。その時代は核融合ができるほど宇宙の温度が高く、圧力も高かった。その時に、水素とヘリウムができたのだ。ビッグバン宇宙論はさまざまな観測から、極めて確からしい理論である。

この理論が正しければ、宇宙最初の３分間にできた元素（水素とヘリウム）の量はきちんと計算できる。出来上がった原子で星や銀河を作ることになるわけだが、そこで問題が起きる。すでに述べたように、物質が足りないのだ。物質が少なければ、物質間に働く重力も弱い。そのため、物質が集まってくれない。物質が集まらなければ、星も銀河もできない。さて、どうする？　それが一九八〇年代に大問題としてクローズアップされたのだ。

59 「見えない物質」……ツヴィッキーの提案

前の項で見た大問題に天文学者が用意した解決法は「宇宙には見えない物質がある」というものだった。これが、今でいう暗黒物質である。だが、このアイデアは突然降って湧いてきたものではない。

ものには順序がある。やはり、前兆があったのだ。

じつは、見えない物質が宇宙にはまさに見え隠れしていた。人類が最初に宇宙の暗黒物質の存在に気がついたのは、一九三〇年代のことだ。スイス生まれの天文学者フリッツ・ツヴィッキー（Fritz Zwicky）は天才的な天文学者だった。彼は銀河団の性質を調べてみようと思った。銀河系の比較的近くにある、かみのけ座銀河団（かみのけ座方向に見える銀河の集団で、約3・2億光年の距離にある）を観測したところ、奇妙なことに気がついた。見えている銀河の質量を足し合わせただけでは、銀河団が力学的に安定しそうもない。しかし、かみのけ座銀河団ではたくさんの銀河が球状に分布しているので、どう見ても力学的には安定しているように見える。そこで彼は考えた。何か見えない質量がかみのけ座銀河団の中にあり、それが銀河団を安定化させているのではないか？　そう考えたのである。もちろん、ツヴィッキーのアイデアは、すぐに受け入れられることはなかった。

一方、同様な問題が私たちの住んでいる天の川銀河でも見つかっていた。しかも、太陽系の比較的近傍の星々の運動の様子からわかったことだ。見えている星やガスの質量では、太陽近傍の星々の運動が説明できないのだ。太陽系は銀河系の円盤部にあり、銀河中心の周りを公転運動している。銀河の円盤と聞くと、薄いシート状の構造を思い浮かべるかもしれないが、そうではない。太陽系は円盤の上下方向に少し揺れながら、銀河中心の周りを公転運動している。上下方向に揺れているのは良いが、そのためには揺れを実現させる物質の重力が必要になる。ところが、太陽系の近くを探しても、そのような天体はない。となると、どうしても何か目に見えない物質の助けが必要になる。その物質は、「ミッシング・マス（missing mass）」と呼ばれるようになった。私たちの観測にはかからない何かがある。質的には、かみのけ座銀河団で示唆されたものと同じである。

60 見えない物質から暗黒物質へ

そして、一九七〇年代、「銀河よ、お前もか！」ということになった。銀河も見えない物質に取り囲まれていることがわかってきたのだ。銀河は回転している。では、どのように回転しているか？　銀河は中心ほど明るい。つまり、銀河の質量は中心に集まっているのではないか？　誰しもそう思う。太陽系を思い浮かべれば良い。太陽系には水星から海王星まで８個の惑星があるが、太陽系の質量の99％は太陽が担っている。惑星の公転運動は太陽からの重力と、公転運動による遠心力が釣り合って実現している。これを式で表すと(1)のようになる。ここでGは万有引力定数、Mとmは太陽と惑星の質量、rは太陽と惑

$$GMm/r^2 = mv^2/r \quad (1)$$

$$v = (GM/r)^{1/2} \quad (2)$$

$$v \propto r^{-1/2} \quad (3)$$

$$M = v^2 r/G \quad (4)$$

$$M \propto r \quad (5)$$

星の間の距離である。これをvについて解くと(2)式となる。つまり、回転速度vは半径rの1／2乗に比例して小さくなる。ここで「∝」は比例を意味する記号である。

銀河でも太陽系のように質量が中心に集中していると、外側ほど回転速度が小さくなるはずだ。ところが、そうなっていないことがわかった。米国の天文学者ヴェラ・ルービン（Vera Cooper Rubin）がアンドロメダ銀河の回転の様子を調べると、回転速度は銀河の外側でも減少することはなく、ずっと一定の回転速度が維持されていることがわかったのである（図1‐42）。

彼女はアンドロメダ銀河だけでなく、近傍の銀河をかたっぱしから調べてみた。しかし、いずれも同じだった。回転速度は外側でも落ちず、やはり一定の値をとるのだ。回転速度が外側でも減少しないためには、銀河の外側にも物質がなければならない。しかし、銀河の光学写真を見ると、外側に行くほど暗くなる。つまり、星は少なくなっている。それにも関わらず、質量がある。やはり、何か見えない物質が銀河を取り囲んでいると考えるしかなくなったのだ。

ここで、今一度(1)式を見てみよう。この式をMについて解くと、(4)式となる。いま、vは一定なので定数としてよい。Gも定数だ。したがって(5)式を得る。つまり、銀河の質量は半径rが大きくなるにつれて、どんどん増えることを意味する。やはり、銀河の外側には私たちの知らない物質があるのだ。

こうして、見えない物質の証拠は太陽系のそばから、銀河や銀河団スケールで顕著になっていった。

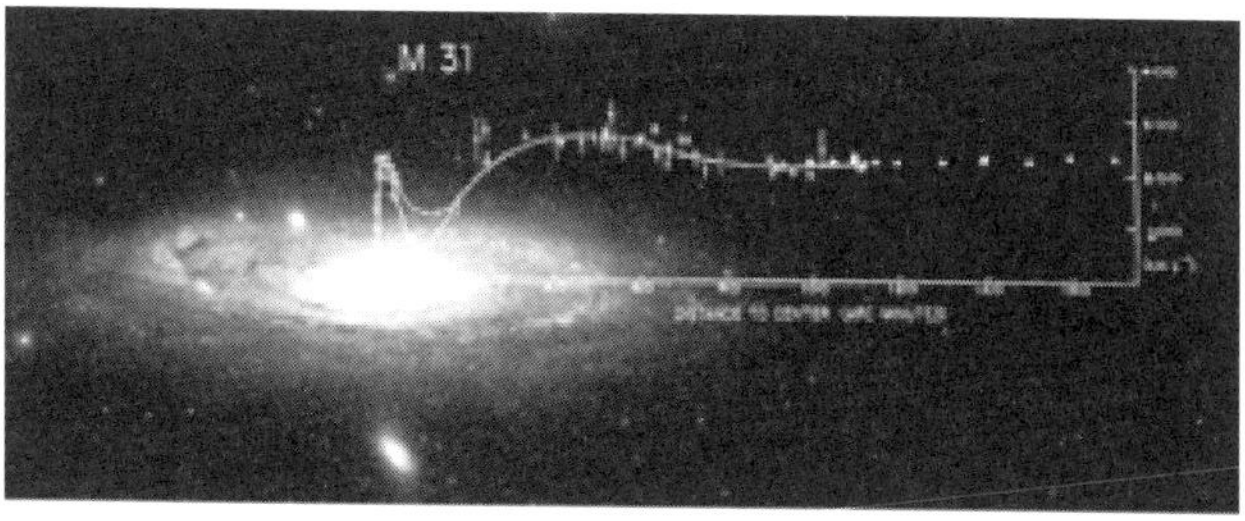

図 1-42　アンドロメダ銀河（M31）の回転曲線．外側でも回転速度が落ちず，一定の回転速度が維持されている．（出典：http://www.dtm.ciw.edu/users/rubin/）

そして、観測が進むにつれて見えない物質の存在がゆるぎないものとして受け入れられるようになった。

「見えない物質」の正体はわからない。しかし、観測的にその存在の証拠があるのであれば、受け入れれば良いのではないか。そして、それが銀河の進化を促進していると考えれば良い。こうして、見えない物質は暗黒物質という名前を得て、銀河進化を促進する存在として仮説的に導入されるようになったのである。つまり、見えない物質がその重力で普通の物質を集め、銀河などの構造を宇宙に作っていくというアイデアである。

61 冷たい暗黒物質……CDM

暗黒物質が銀河の誕生と進化を促す。このパラダイムは一九八〇年代中盤には標準的なモデルとして受け入れられるようになって

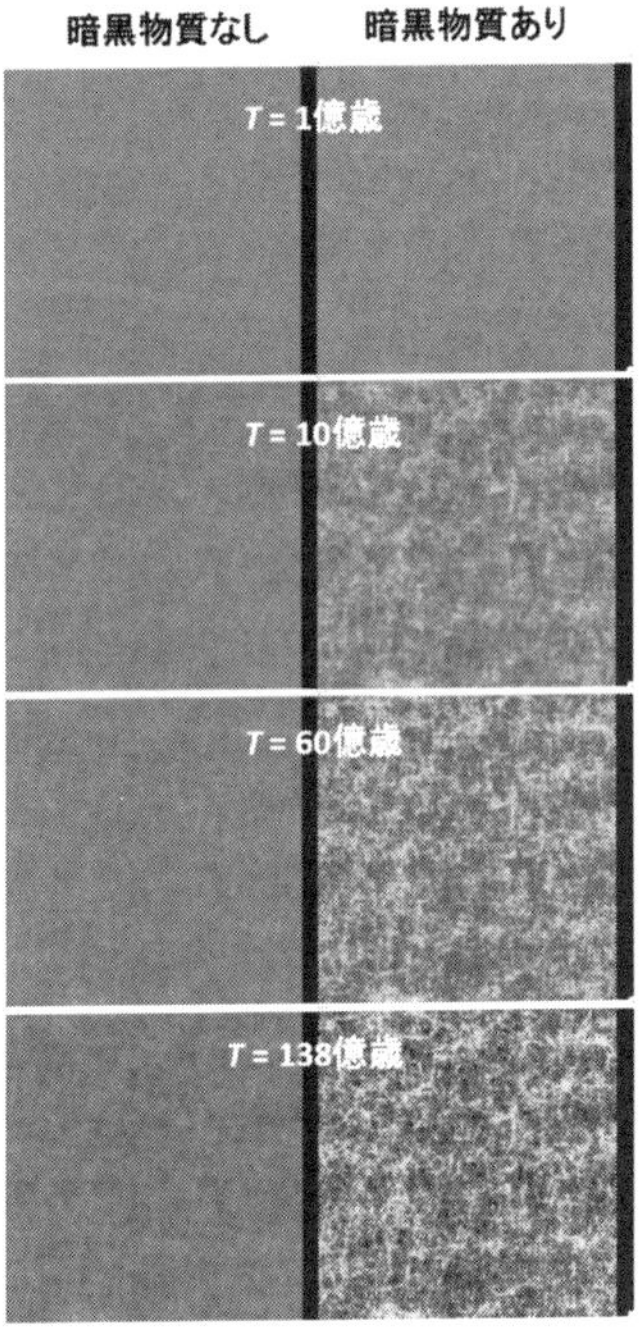

図1-43　暗黒物質がない場合と、ある場合で宇宙の構造形成にどのような差が出るかをコンピューター・シミュレーションした結果. Tは宇宙年齢. 提供：吉田直紀）

いった。もちろん、観測的な裏付けは一切ない。だが、暗黒物質がなければ銀河はできないことは、コンピュータの発展でさらに明らかになっていったのである。それを如実に示すコンピュータ・シミュレーションを図1-43に示した。普通の物質の数倍の質量を持つ暗黒物質を入れると、138億年の間に見事に銀河ができる。しかし、暗黒物質がなければ、今の宇宙に銀河はなく、私たちもいない。

しかし、暗黒物質には一つ要求されることがある。速度である。もし、暗黒物質が光の速度で運動していたらどうなるだろう。銀河のある場所に留まることは期待できず、あっという間に、どこかに行ってしまうだろう。銀河に束縛されているためには、銀河の性質に寄り添っていなければならない。銀河の回転速度は系全体では毎秒数百キロメートルなので、暗黒物質もこの程度の速度で宇宙を漂っていることが大切になる。物質の速度は温度に換算できる。光の速度に近い場合は、温度が最も高い状態になる。遅ければ、低い。毎秒数百キロメートル は遅い部類に入るので、温度としては低温である。そのため、毎秒数百キロメートルで運動している暗黒物質は「冷たい暗黒物質」と呼ばれる。英語では cold dark matter。略してＣＤＭ。銀河の誕生と進化がこのような暗黒物質でドライブされているアイデアは、「ＣＤＭによる銀河形成論」と呼ばれる。

62
ＣＤＭによる銀河形成論

パラダイムとして「ＣＤＭによる銀河形成論」が一九八〇年代に提案されたわけだが、観測的な証拠はない。理論を単なるアイデアではなく、確固たるものに昇華するには、実証するしかない。コスモス・プロジェクトはまさにこの実証を第一の目的としたのだ。

では、どうやって？　いくつか、関門はある。宇宙は銀河を一つずつ、独立して生み出してきたわけではない。銀河はあるところにはたくさんあり、ないところには全くないという極端な偏在を示す。これを「宇宙の大規模構造」と呼ぶ。

昔の天文学の教科書には「宇宙原理」という言葉が紹介されていた。

図 1-44　SDSS 専用の反射望遠鏡.（提供、SDSS）

宇宙原理：宇宙は一様で等方的である

つまり、宇宙には特別な場所はなく、銀河の個数密度は平均的に見れば、どこでも同じである。したがって、どの方向を観測しても、似たような景色が広がっている。それが宇宙原理だ(42)。

ところが一九八〇年代に入って、宇宙にはほとんど銀河が存在しない場所があることが発見された。その場所はボイド（void）と呼ばれる。また、銀河が集団で存在している銀河団があることは昔からわかっていたが、どうも銀河団が連なってさらに大規模な構造をなしている様子も見えてきた。そのため、宇宙の様子をきちんと調べようという機運が高まり、それがスロー

(42) これに時間変化しないという条件を付けたものは,「完全宇宙原理」と呼ばれる.

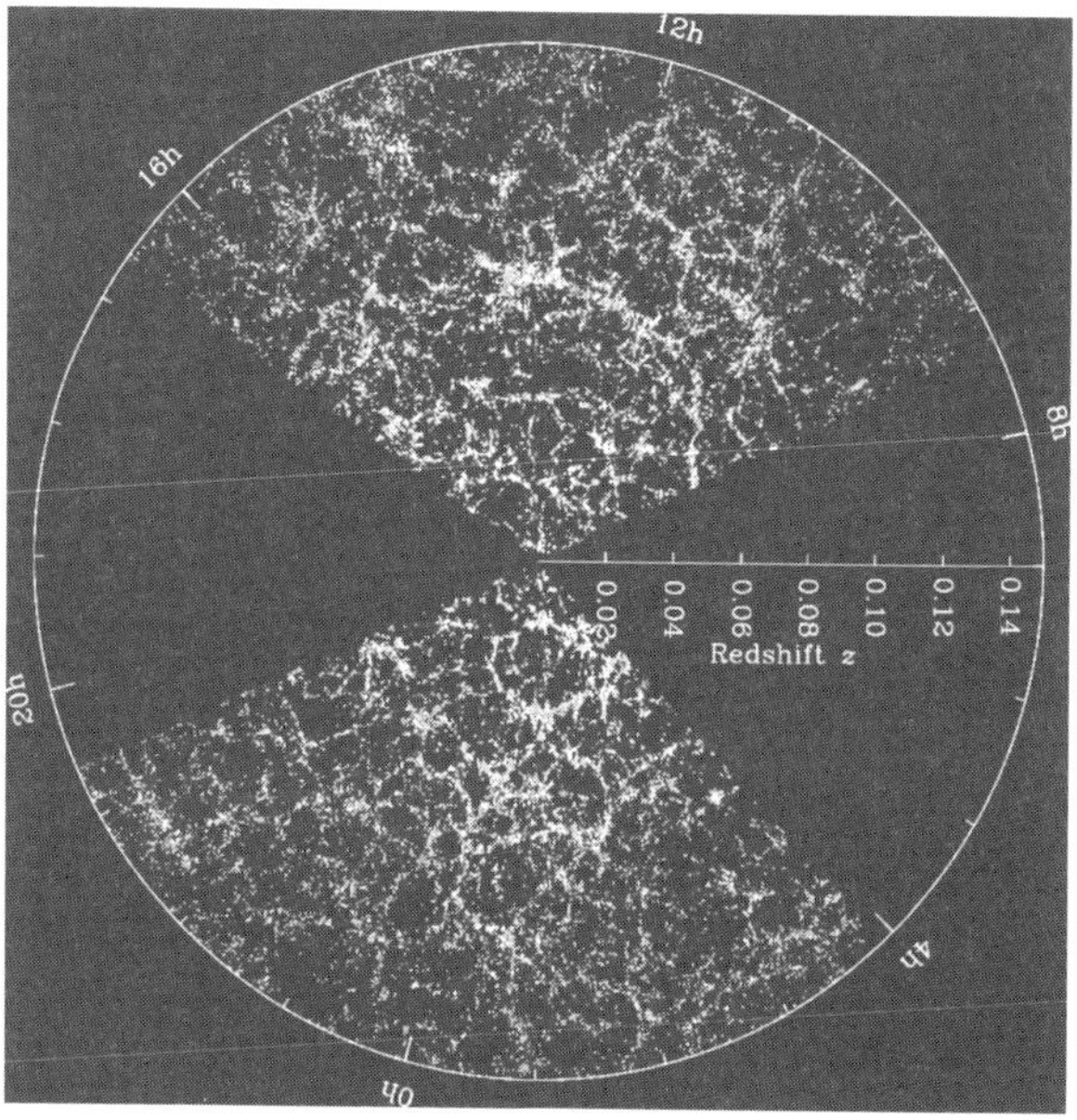

図 1-45　SDSS による宇宙地図．円の中心に銀河系があり，約 20 億光年先までの銀河の空間分布が示されている．一つひとつの点がそれぞれ銀河を示す．（提供：SDSS）

ン・ディジタル・スカイ・サーベイ（SDSS）というプロジェクトを生み出した。ちなみに、スローンはスローン財団の支援を受けているために付いている。

　SDSSは米国、日本などが参加した国際プロジェクトで、初期の観測期には全天の約25％を可視光帯でサーベイしている。望遠鏡は口径2・5メートルの反射望遠鏡で、米国アリゾナ州のアパッチポイント天文台に設置されている（図1-44）。SDSSのおかげで、宇宙の大規模構造の姿が綺麗に見えてきた（図1-45）。

　銀河の分布は一様ではなく、あるところには沢山あり、ないところにはないという、非常にコントラストのある分布をしていることがわかる。銀河はフィラメント状に分布し、銀河団が連なる超銀河団ともいうべき構造を示す。その一方で、フィラメントのない場所は銀河の存在しないボイドになっているのだ。少なくともＳＤＳＳが調べた約20億光年彼方までは、顕著な宇宙の大規模構造が見えることがわかった。

では、どうしてこのような宇宙の大規模構造が生まれたのだろう？　図１‐43に示したように、宇宙年齢１３８億年の間にこのような構造を作るためには、暗黒物質の助けが必要である。ここで重要なことは、銀河の空間分布と暗黒物質の空間分布を調べ、両者が密接に関連していることを調べなければならないということだ。暗黒物質と銀河の関係は、銀河誕生の時代から始まり、綿々と続いてきているはずだ。ＳＤＳＳの探査は近傍の約20億光年の宇宙を見ているだけなので、もっと遠方の、つまり宇宙の若い時代を調べる必要がある。コスモス・プロジェクトはこれを調べるために立案されたと言っても過言ではない。

遠方の宇宙の大規模構造の進化を見るためには、どのぐらい広い視野を観測する必要があるだろうか？　図１‐46に銀河形成のコンピュータ・シミュレーションの結果を示した。赤方偏　$z=1$（距離は80億光年）での銀河の空間分布だ。

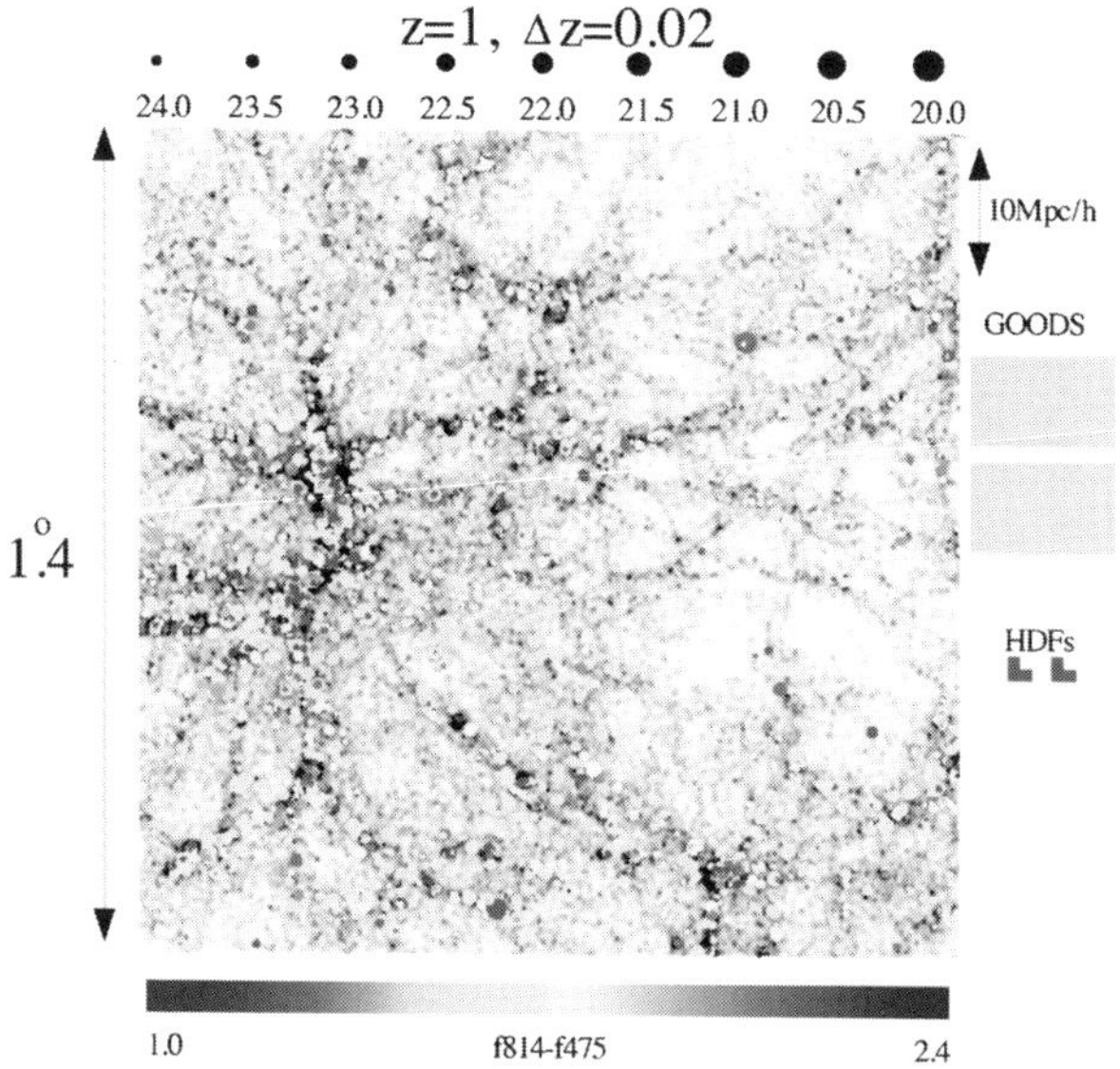

図 1-46　冷たい暗黒物質モデルに基づく構造形成の数値シミュレーション．1.4 度角 × 1.4 度角（= 2 平方度）の視野で，赤方偏移 1 の宇宙をスライスして見たときの暗黒物質（グレースケールで示されている）と銀河の分布（銀河は塗りつぶされた丸印で表わされている）．HST で既に行われたサーベイである GOODS と HDF の視野の広さを図の右側に比較のために示してある．（提供、Nick Scoville 氏）

図１‐46の右端にＨＳＴで行われたサーベイ、ＧＯＯＤＳとＨＤＦの視野が示されているが、ご覧になってわかるように、宇宙の大規模構造を調べるには不十分であることがわかる。この図の視野の広さは（１・４度角×１・４度角＝）２平方度に設定されている。コスモス・プロジェクトの視野の広さに相当する。これだけ広い天域を観測することでようやく80億光年彼方の宇宙の大規模構造が見えてくるのだ。ＳＤＳＳは１万平方度という広さの宇宙を調べたが、20億光年までにしか届いていな

図1-47　コスモス・プロジェクトのロゴマーク.

い。コスモス・プロジェクトではわずか2平方度だが、確実に80億光年までは見える。宇宙の大規模構造の進化を調べるにはコスモス・プロジェクトがどうしても必要になるのだ。プロジェクトのコンセプトは図1-47のロゴマークに表現されている。

63 暗黒物質を観る

暗黒物質の重力に導かれてガスが集まり、星々が生まれて銀河に育っていく。これは理論的に予測されたことであって、一つのアイデアに過ぎない。これが正しいかどうか、観測によるテストが必要になる。銀河は可視光や赤外線で観測すれば、その姿を確認できる。問題は暗黒物質をどのようにして見るかだ。暗黒物質の「暗黒」は英語では「ダーク」である。ダークは暗いという意味もあるが、じつは「わからない」という意味で用いられている。もちろん暗いのも確かだが、暗いというよりは全く見えないに等しい。なぜなら、暗黒物質はあらゆる電磁波を放射しないからである。電波、赤外線、可視光、紫外線、X線。どの波長帯でも見えない。つまり、電荷を持っていないのだ。電荷を持った粒子が運動すれば電磁波が発生するはずである。

では、電磁波を出さないものを電磁波で観ることができるのだろうか？　一つだけ方法がある。それは暗黒物質の重力を頼りにする方法である。暗黒物質は物質なので質量を持っている。しかも普通の物質の数倍はある。銀河や銀河団があればそれらに付随している暗黒物質の質量は膨大な量になる。銀河に含まれる普通の物質の質量は太陽質量のざっと１０００億倍だが、その数倍の質量の暗黒物質が付随している。銀河団になると銀河の個数は１０００個にもなるので、普通の物質だけでも太陽質量の１００兆倍だ。

たくさん質量があるからどうだというのだ？　そう思われるかもしれない。確かに古典的なニュートン力学の範疇であれば、そこに質量があるだけである。しかし、アルベルト・アインシュタイン（Albert Einstein）の構築した重力理論、一般相対性理論ではニュートン力学とは似ても似つかぬことが起こる。質量があると、そこでは時空が歪む。そう考えるのである。この時空の歪みが重力レンズという現象を引き起こす。

64 重力レンズ効果の利用

百聞は一見に如かず。まず、図1‐48を見ていただこう。これはハッブル宇宙望遠鏡が撮影した銀河団Ａｂｅｌｌ（エイベル）２２１８の姿だ。銀河系から約20億光年離れたところにある。丸や楕円のように見える銀河がこの銀河団に属している銀河である。よく見ると、弓状のように見える構造が幾つもあることに気づく。これらはＡｂｅｌｌ２２１８に属している銀河ではない。これらはより遠方にある銀河の姿なのだが、奇妙な形をしているのは、まさにＡｂｅｌｌ２２１８の重力場に歪められているからだ。つまり、これらは重力レンズ像なのである。

図1‐48の下のパネルに原理を示した。Ａｂｅｌｌ２２１８より遠いところにある銀河から光がやってくる。その銀河からの光はＡｂｅｌｌ２２１８がなければ、まっすぐ私たちに向かって届く。光は最も短い時間で伝播する経路を通って進む（フェルマーの原理）からである。つまり、何もなければ直進する。ところが、大質量を持ったＡｂｅｌｌ２２１８が途中にある。そこでは、大質量のおかげで時空が歪んでいる。そのため、Ａｂｅｌｌ２２１８から少しずれた方向にやってきた光が時空の歪みに沿って進み、私たちに届く。光にとっては、その方が短い時間で進むことになるからだ。

図 1-48 （上）銀河団 Abell 2218 で観測される重力レンズ現象．弓状のように見える構造は Abell 2218 より遠方にある銀河が Abell 2218 の重力場に歪められてできているレンズ像である．http://hubblesite.org/image/942/news/18-gravitational-lensing（下）重力レンズの原理（本文参照）．http://hubblesite.org/image/941/news/18-gravitational-lensing

私たちはそんなことは知らないので、やってきた方向に銀河のイメージを観測することになる。その姿が弓状に歪められた重力レンズ像なのだ。

重力レンズの基本的な原理は光学レンズと同じだ。光学レンズの代わりに、銀河団の質量によって歪められた時空がレンズの代わりをしているだけである。重力レンズ源である銀河団までの距離、そしてレンズで歪められた背後にある銀河までの距離がわかったとしよう。すると、歪められた銀河の像を詳細に調べることで、レンズとしての銀河団の性質がわかる。倍率を決めるのは銀河団の質量とその空間分である。光学レンズは綺麗に磨かれているので、像も綺麗に見える。しかし銀河団における質量分布は磨くわけにはいかないので、あるがままの分布がレンズ像に反映される。銀河団にある物質の大半は暗黒物質なので、私たちは銀河団に付随している暗黒物質の様子を調べることができる。

図1‐48で見た重力レンズは銀河団のような非常に重い天体でレンズされる現象で、強い重力レンズ効果と呼ばれる。一方、「弱い重力レンズ効果(ウイーク・シアーもしくはウイーク・レンジング効果)」と呼ばれるものもある。

例えば、100億光年彼方の銀河を観測したとする。この銀河と私たちの間には、仮に銀河団がなくても単体の銀河や銀河群がいくつかはあるだろう。もちろん銀河団があってもよい。100億光年も見遥かすと、様々な階層の銀河たちに出くわす。したがって、100億光年彼方の銀河の光は、視

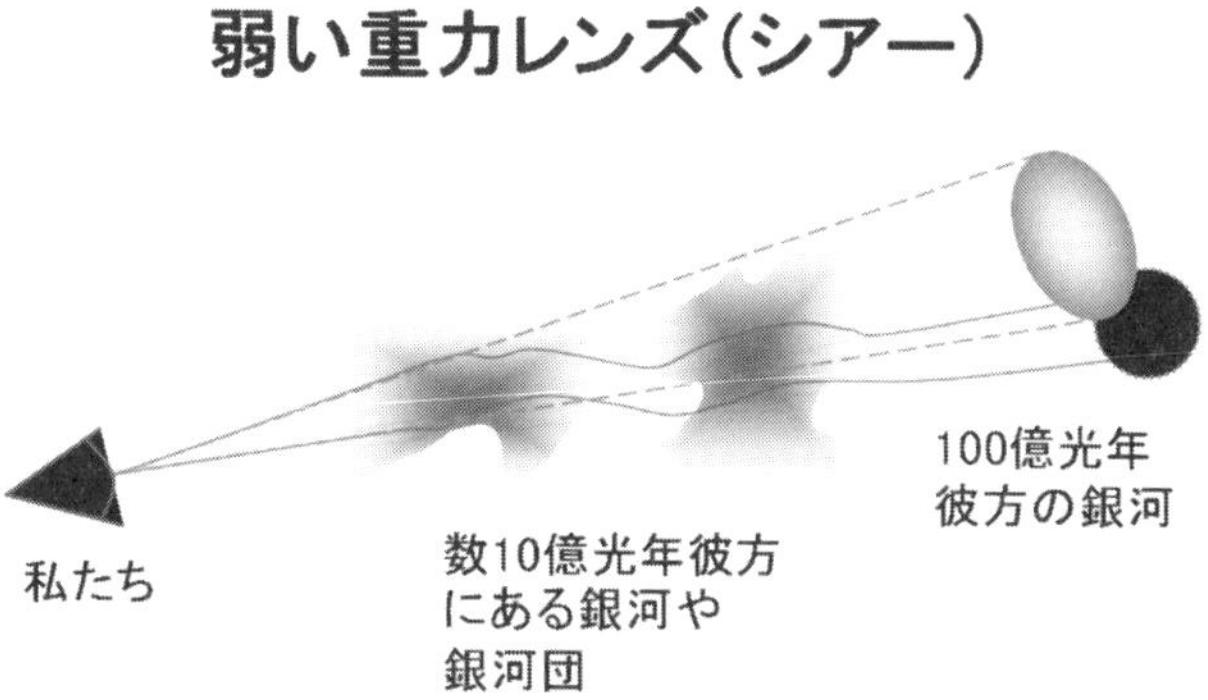

図 1-49　弱い重力レンズ効果.

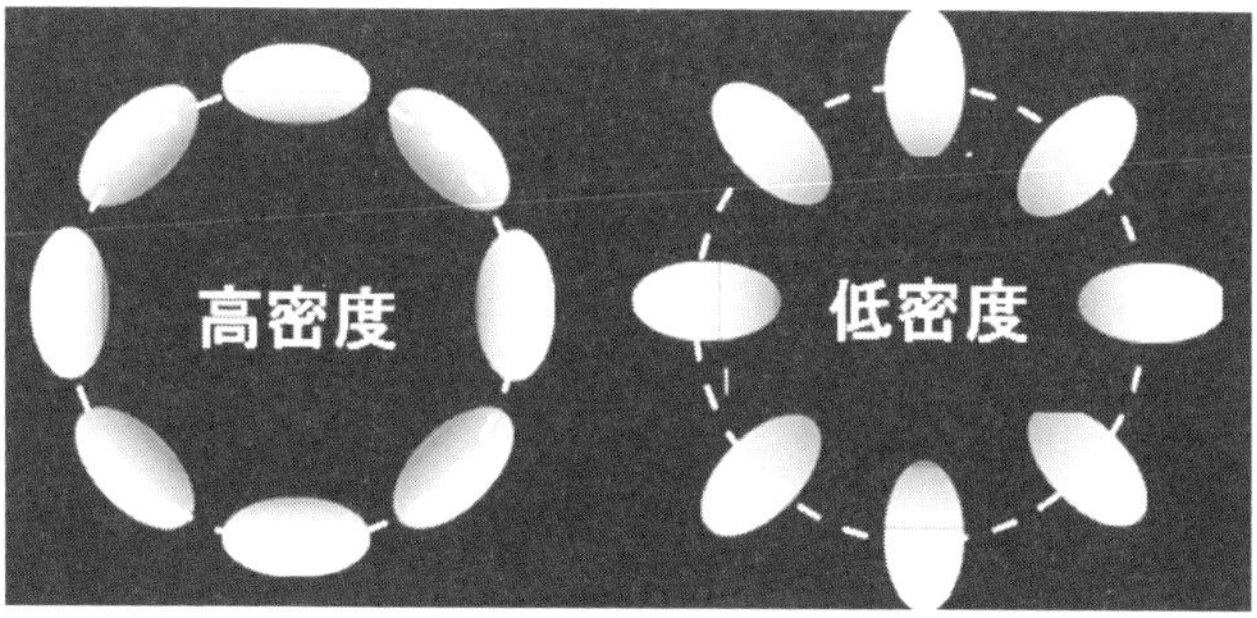

図 1-50　弱い重力レンズ効果で期待される効果．視線上に高密度の領域があると，遠方の銀河の像は円周上に並ぶように観測される．逆に，低密度領域が支配的だと，円周上に垂直に並ぶように観測される．

線上に近いところにある様々な銀河や銀河群の重力により、少しずつ重力レンズ効果を受けて私たちに届くことになる。その集積効果が100億光年彼方の銀河の像に刻み込まれる(図1-49、50)。一つの例として、弱い重力レンズ効果で宇宙がどのように見えるか、シミュレーションした結果の一例を次頁図1-51に示した。

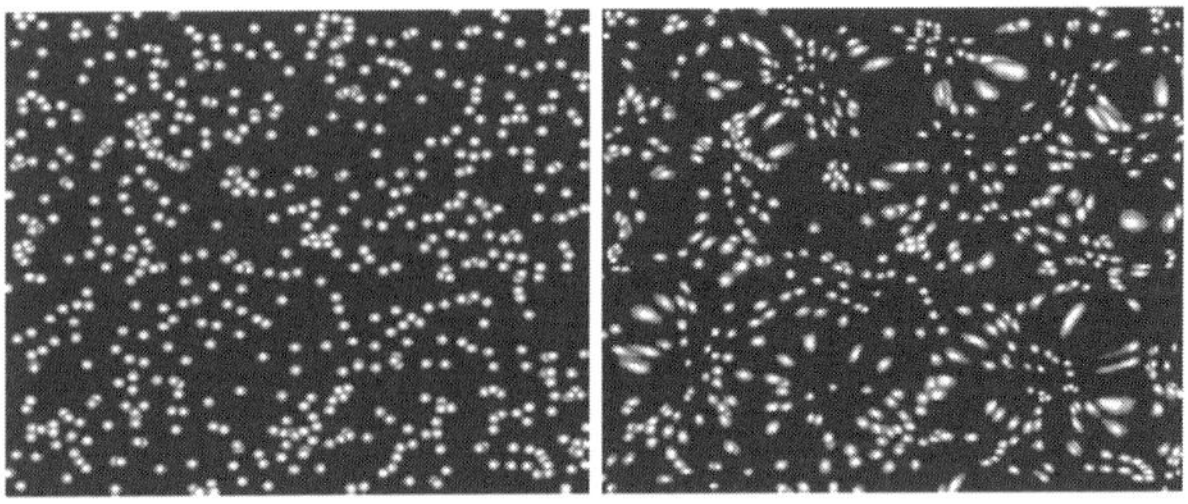

図 1-51　弱い重力レンズ効果のシミュレーションの一例．左は，レンズの効果を入れずに観測した時のイメージ．右は，重力レンズ効果を入れた場合．

コスモス・プロジェクトでは観測した天域に対し、この弱い重力レンズ効果を利用して暗黒物質の空間分布を調べることに挑んだのである。コスモス・プロジェクトのお宝はＨＳＴのＡＣＳで撮像したデータだ。約１００万個もの銀河の詳細な形態がわかるからだ。角分解能は０・０５秒角。これは地上望遠鏡の平均的な角分解能（約1秒角）に比べて20倍も良い。このデータが暗黒物質の空間分布を暴きだすのに威力を発揮する。そして、予定通り、弱い重力レンズ効果を利用して、暗黒物質の分布を見ることに成功した（図1－52の右のパネル）。この図の左には銀河の分布が示されている。銀河の分布の方が詳細に見えているが、大切なことは、概ね暗黒物質の分布と合っていることだ。

図1－52は天球面に投影した暗黒物質と普通の物質の分布の比較である。両者の比較を3次元でできないものだろうか？　原理的にはできる。なぜなら、単なるレンズ効果だからだ。しかし、一つ条件がある。弱い重力レンズ効果の解析で使う銀河の距離がわかっていることだ。１００万個もの銀河の距離を決めるのは大変な作業で

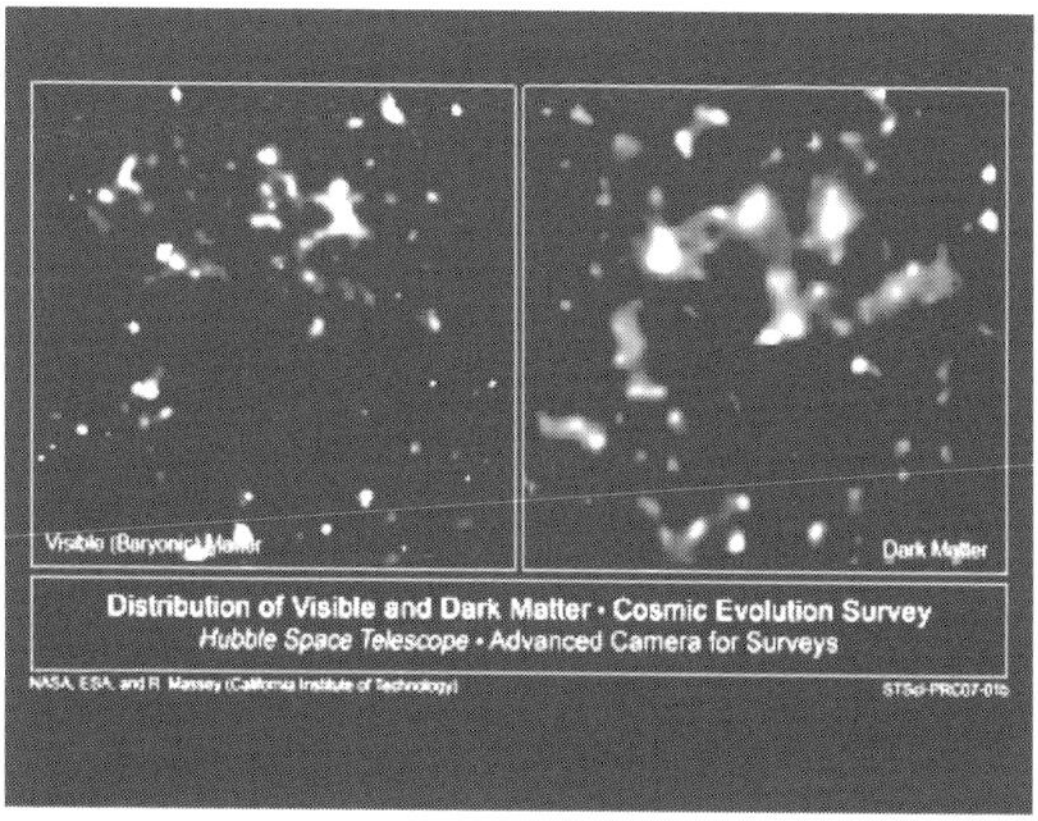

図 1-52　天球面に投影した，普通の物質（左）と，見えない物質＝ダークマター（右）の分布の比較．濃淡のせいで異なっているように見えるが，じつは普通の物質とダークマターの分布はよく似ている．（提供，STScI）

ある。普通はスペクトル観測（分光観測）をして、赤方偏移を決め、その値から距離に換算する。しかし、１個１個の銀河のスペクトルを撮っていると何十年もかかってしまう。

ここで、すばる望遠鏡の撮像データが威力を発揮する。ＨＳＴのＡＣＳでは*I*バンドと呼ばれる、波長８００ナノメートル帯の撮像観測だけしか行っていない。このデータだけからは、銀河の距離を決めることは出来ない。しかし、すばる望遠鏡のスプリーム・カムを使って、私たちは可視光帯全域でコスモスの天域を観測した。これらのデータを全部合わせれば、１００万個の銀河の距離を一挙に測定することができる。

それは測光赤方偏移と呼ばれる。次頁図１-53を見ていただこう。銀河の光はそこに含まれる星々の光を合わせたものだ。青い星から赤い星まで、様々

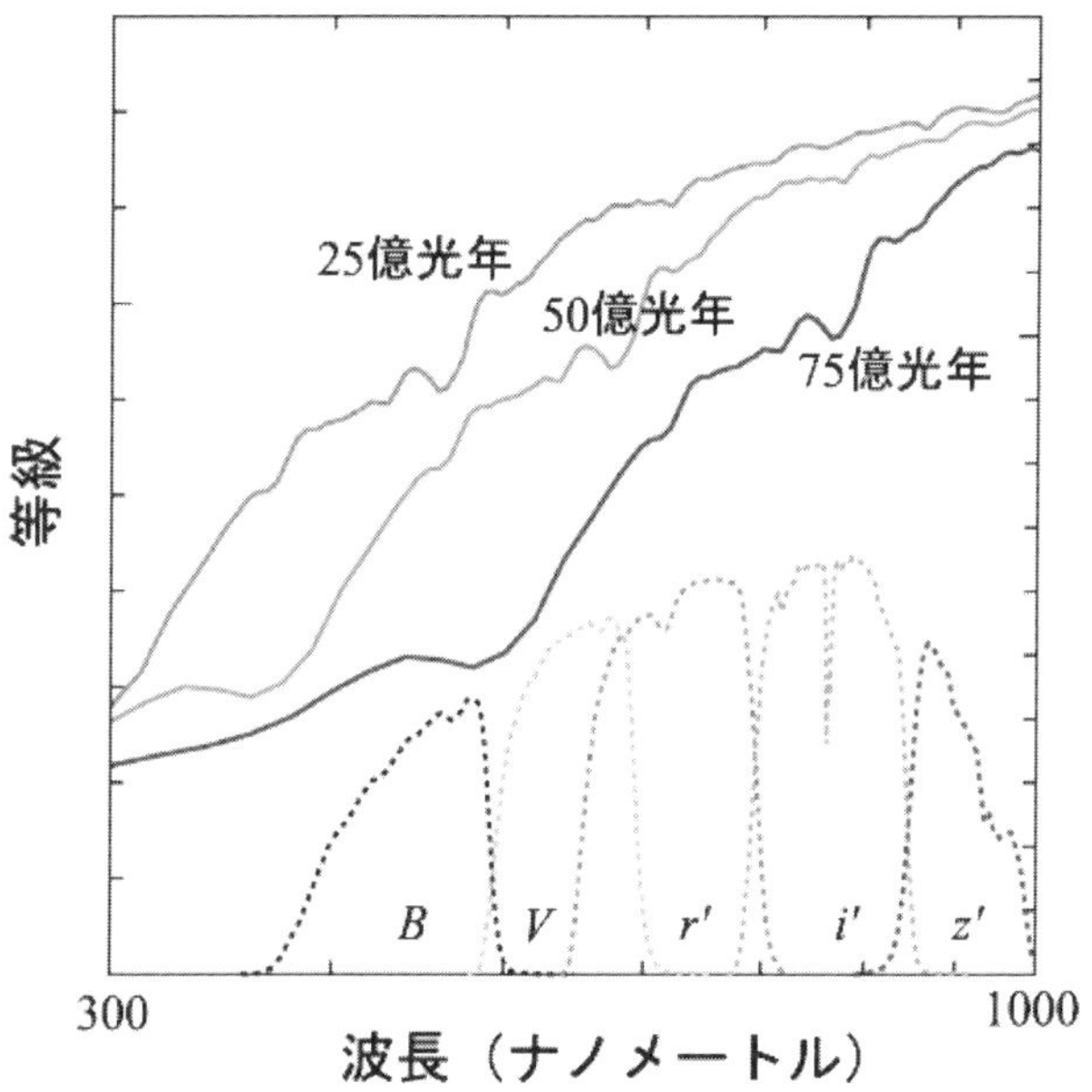

図 1-53　赤い楕円銀河のスペクトルエネルギー分布が，銀河の距離の違い（25 億光年，50 億光年，75 億光年の三通り）によって変化する様子（パネル上方の曲線）．パネルの下に示されているのは，すばる望遠鏡の撮像観測で使用されたフィルターの透過曲線である．遠方の銀河ほど赤くなるので，青い波長帯で暗くなっていく．

な色の星があり、それらが集まって銀河の色を決めている。この銀河の色はスペクトル・エネルギー分布と呼ばれる。銀河が遠方にあると、赤方偏移のおかげで銀河の色は赤くなる。したがって、赤味具合を調べると、銀河の距離を推定できる。こうして得られた赤方偏移を測光赤方偏移と呼んでいる。スペクトル観測で得られる分光赤方偏移に比べると少し測定精度は悪くなるが、多数の銀河について赤方偏移を調べるには撮像データを使う方が早い。

こうして私たちは暗黒物質の

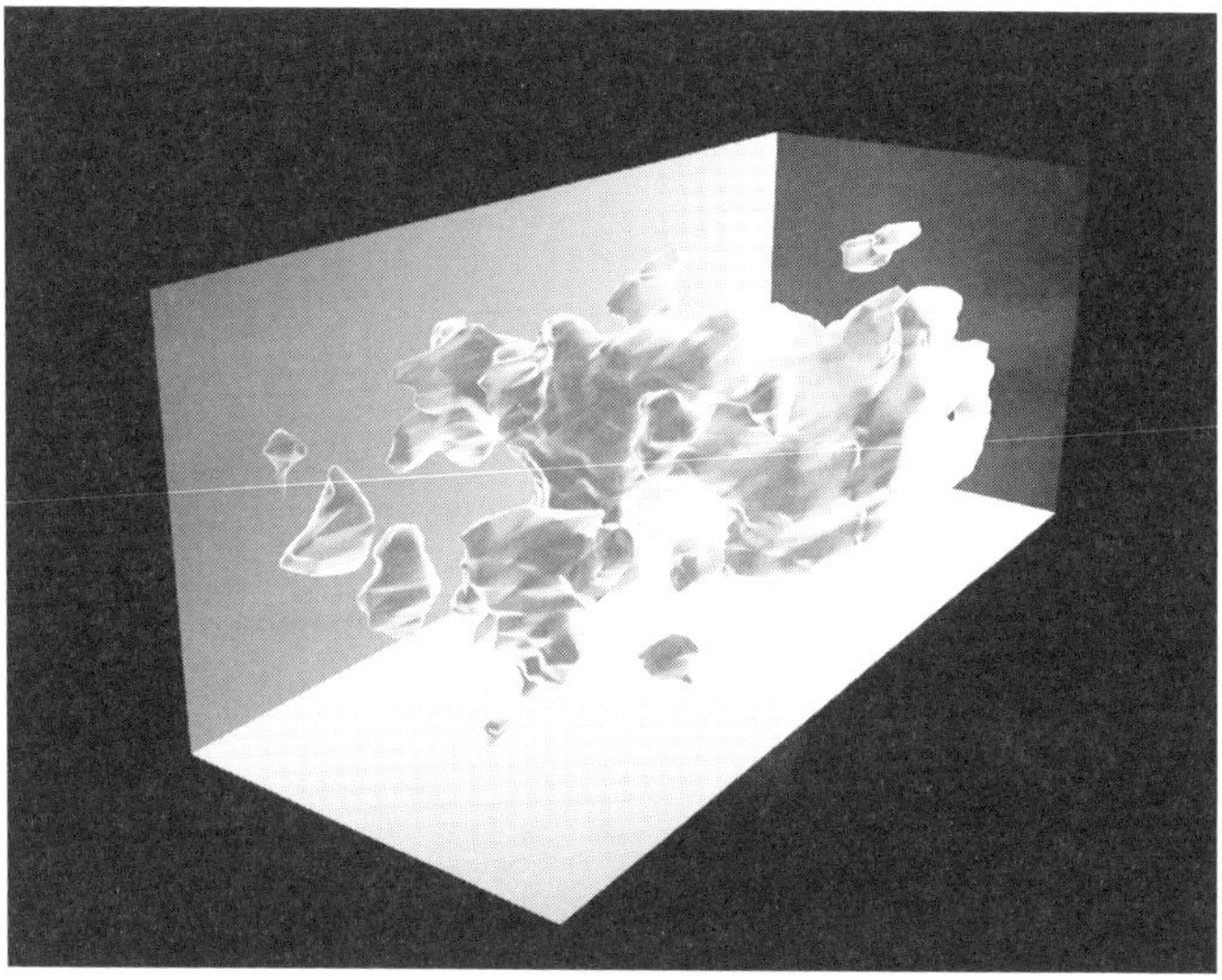

図 1-54　世界初のダークマターの３次元マップ．奥行きは約 80 億光年．80 億光年先で，2.8 億光年四方の広がりに相当．（提供，Richard Massey, STScI）

３次元地図を世界で初めて得ることに成功した（図１‐54）。この図で雲のように見えるのが暗黒物質の作る宇宙の大規模構造である。この図には示されていないが、銀河の半数以上は暗黒物質の濃いところにあることがわかった。つまり、暗黒物質がその重力で宇宙の中で屋台骨を作り、その重力に引き寄せられてガスが集まり、星が生まれ銀河に育ってきたのである。冷たい暗黒物質モデルに基づく構造形成は確かに起こっていたのだ。こうして、パラダイムとしての「ＣＤＭによる銀河形成論」は観測的に検証されたのである。この成果は二〇〇七年の正月明けにＮａｔｕｒｅ誌に掲載され、世界中を駆け巡る大ニュースになった。苦労してコスモス・プロジェクトを推進して

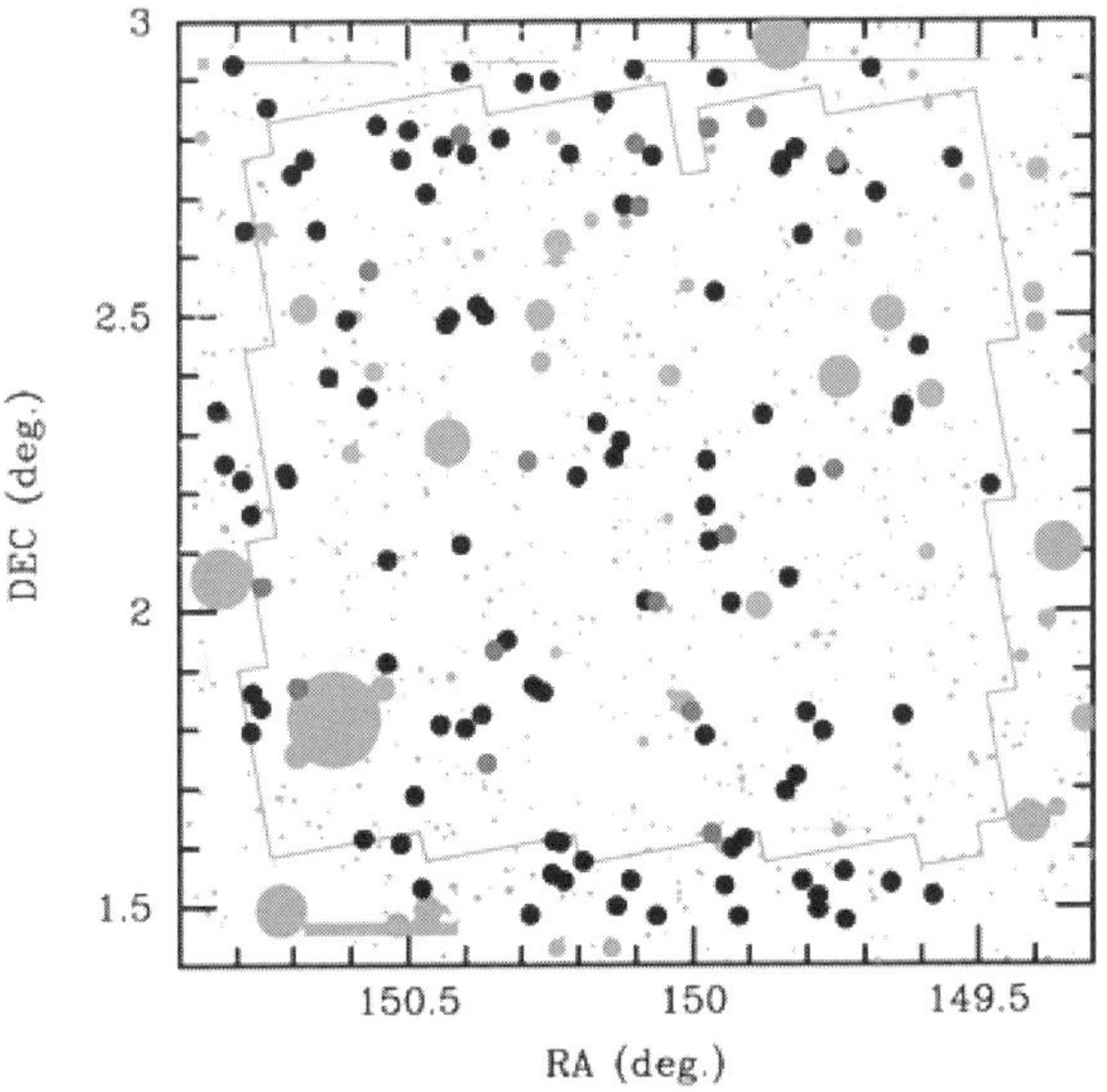

図 1-55　コスモス天域で見つかった 125 億光年彼方の銀河．グレーの領域は明るい星があって探査に使えない領域．

きた甲斐があった。チーム・メンバーも大喜びだった。

65 銀河の進化を究める

暗黒物質の宇宙地図の作成は確かにコスモス・プロジェクトの一大成果だった。しかし、もちろん、それだけではない。とにかく１００万個もの銀河の素晴らしいデータがある。銀河、活動銀河中心核（銀河中心核にある超大質量ブラックホールによる活動性）、宇宙の大規模構造など、多岐に渡って研究成果が出せるプロジェクトなのだ。

プロジェクトが始まった頃、私はＳＤＦで

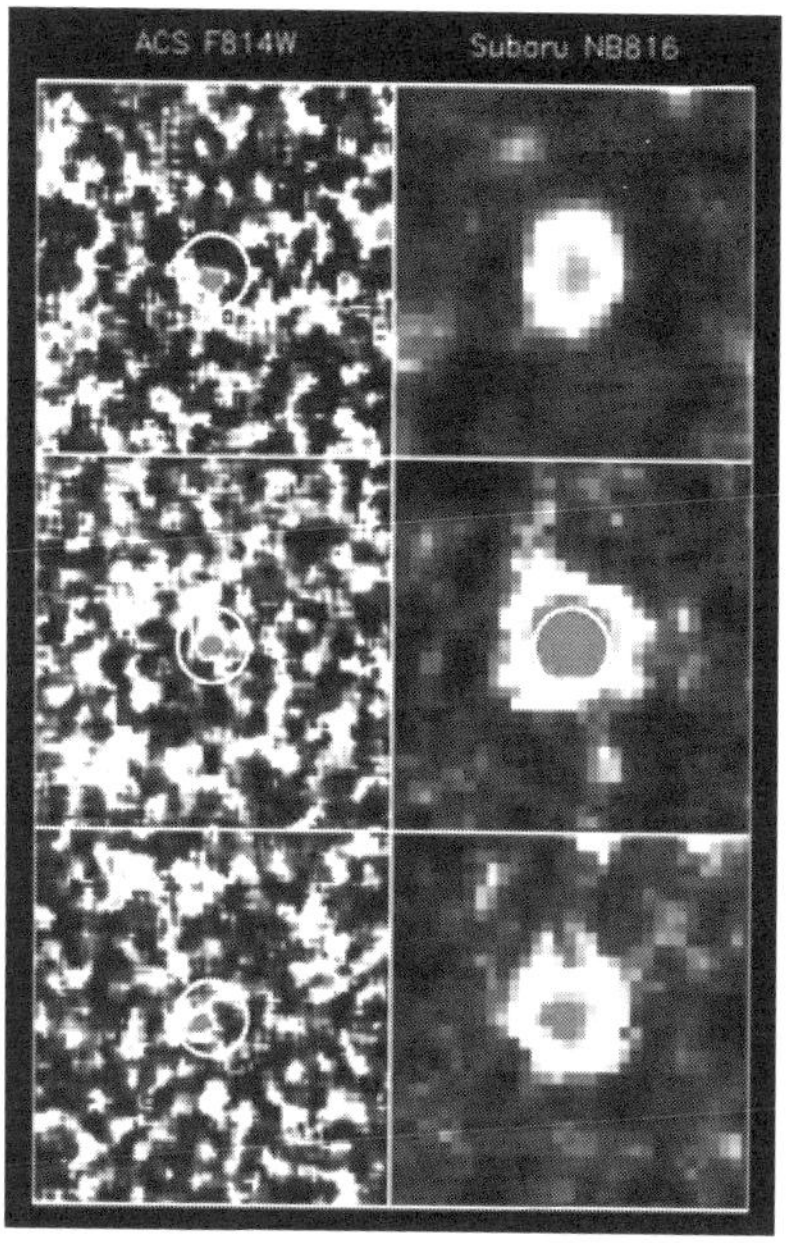

図 1-56　コスモス天域で見つかった 125 億光年彼方の銀河の例．左が HST・ACS の画像で，右がすばる望遠鏡の NB816 フィルターによる画像．

遠方銀河の探査を行っていた（図１‐40）。その勢いもあり、コスモス天域で１２５億光年彼方の銀河探査をやってみた。初期成果は二〇〇五年、京都で開催されたチーム会議で披露した（１５４頁参照）が、論文として最終的に成果公表をしたのは〇九年になった。その前年には日本天文学会の記者会見講演に選ばれ、一般の方々に広く成果を知ってもらえたのはありがたかった。

私たちの探査で見つかった１２５億光年彼方の銀河の個数は80個にもなった（図１‐55）。コスモス・プロジェクトの強みはＨＳＴ・ＡＣＳカメラの高解像度の画像があることだ。ＡＣＳの画像をチェックしたところ、17個が写っていた。その内の３個を例として示した（図１‐56）。図の左側が

ＡＣＳ画像で右側はすばる望遠鏡の狭帯域フィルターＮＢ８１６で撮影したライマンα輝線（電離ガスを示す）の画像である。ライマンα輝線は広がっているが、ＡＣＳ画像では点のようにしか見えない。ＡＣＳで見ているのは銀河の放射する紫外線なので、大質量星の分布だと思えば良い。そのサイズは３０００光年程度しかないことがわかった。現在の銀河のサイズは10万光年である。１２５億光年彼方ということは、宇宙誕生からまだ13億年しか経過していない。その頃の銀河は今の銀河に比べると、ほんの小さな銀河だったのだ。その後、１００億年以上の時間をかけて、ようやく現在観測されるような銀河に育ってきたということだ。

66 進化する銀河

銀河の進化は極論すると、ガスから星を造り続けて来た歴史である。つまり、銀河の初期状態は、星は1個もなく、ガスしかなかった。一方、銀河系のように現在の宇宙にある銀河では、質量のうち約9割が星になっていて、ガスの量は1割程度しか残っていない。したがって、銀河の進化を理解するには、銀河の中で、いつ、どのように星が生まれてきたかを調べることが大切になる。

宇宙にある全ての銀河をつぶさに観測することは不可能だが、さまざまな銀河探査で発見された銀河の星生成率を測定して平均すれば、宇宙における星生成の様子がわかる。

ここで、星生成率は1年当たり、どのぐらいの質量のガスが星に転換されたかを示す量である。単位としては$M_\odot$／年（または$M_\odot yr^{-1}$）を使う。$M_\odot$は太陽の質量で、$M_\odot = 2 \times 10^{30}$ kg である。

さまざまな年代での星生成の歴史を見るには単位体積あたりの星生成率を使うと良い。この量は星生成率密度と呼ばれている。宇宙は広いので単位体積として1立方メガパーセク（Mpc^3）を使う（1 Mpc は約 3×10^{22} m）。どうしても、天文学の単位は大きな数字になってしまうが、ご了承願うしかない。

それでは、結果を見てみよう（図1‐57）。宇宙年齢が数億歳の頃の星生成率密度は、だいたい10^{-4} $M_\odot yr^{-1}$ Mpc^{-3} である。その後、宇宙年齢が20億～30億歳の頃にピークを迎え、あとはまた単調に減少していく。宇宙年齢が20億～30億歳の頃、なぜ宇宙では星の生成が活発に行われていたのだろうか？　何か原因があったはずだ。まだ確定的なことは言えないが、育ちつつある銀河同士が合体して、多数の星が生まれたのではないかと考えられている。

では、なぜ宇宙年齢が20億～30億歳を境に、星生成率密度は単調減少に転じたのだろう？　この頃の銀河は質量の半分がガスだったはずである。つまり、星を作る燃料はまだたくさんあったはずなのだ。なぜ、星は生まれなくなったのか？　この問題は「星生成抑制問題」という仰々しい名前で呼ばれ、今も鋭意研究が続けられている。

67 銀河の進化は何が決めるのか?

図1-57に示されている、宇宙の平均的な星生成率密度の進化は、じつはさまざまな質量の銀河が、さまざまな時代に星を作って貢献している。したがって、銀河の視点で見てみると、また一味違った星生成の歴史がある。

実際、銀河の質量は星生成の歴史にかなり密接に関係していることがわかってきている。重い銀河の方が早い時期に星を作り始め、そして早めに星を作るのをやめてしまうのだ。これは銀河の「ダウン・サイジング」と呼ばれる現象だ(43)だ。

さきほど「星生成抑制問題」という言葉を紹介したが、まさに重い銀河が星生成を早めに止めてしまうのも「星生成抑制問題」の一つである。銀河の質量が決め手になるので、「質量クエンチング」と呼ばれている、クエンチ(quench)は「消す」を意味する。また、銀河が密集している領域でも、やはり星生成が早めに終了することがわかっている。こちら

(43) ダウン・サイジングは一般には,たとえば大きなコンピュータから小さなパソコンへと変化するような時に使われるが,天文学では大きな銀河の方が早く進化するという意味で使われる.

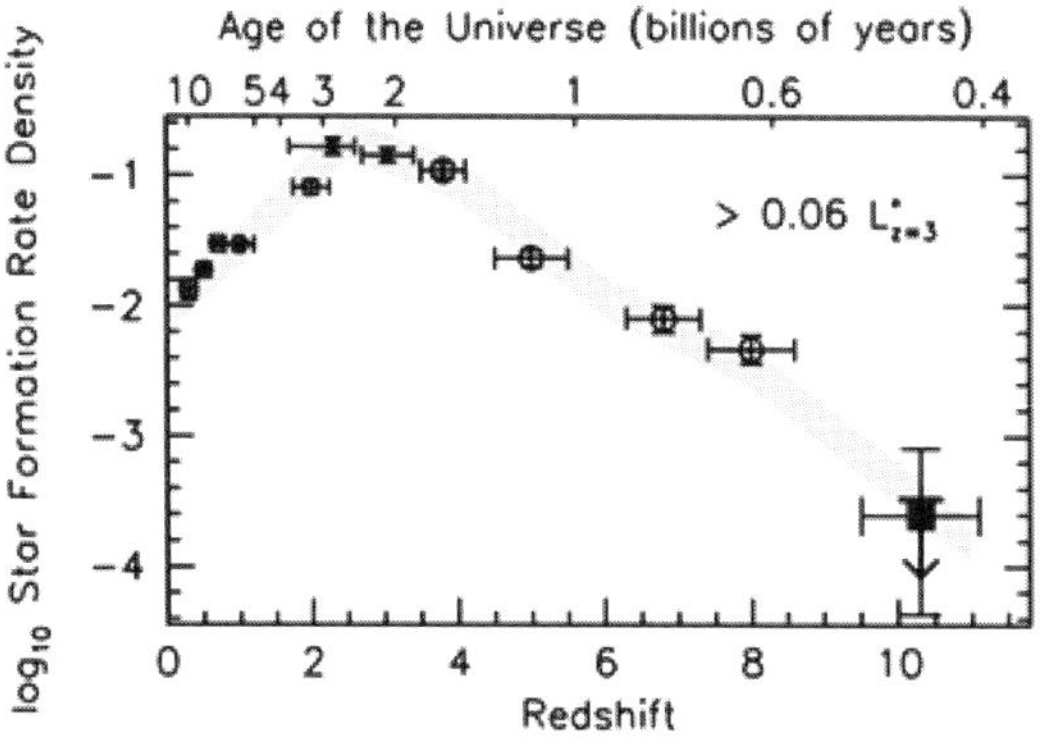

図1-57　宇宙における星生成率密度の進化.（出典：http://www.firstgalaxies.org/the-latest-results）

は「環境クエンチング」と呼ばれている。ただ、名称は付けられたものの、その実態（物理的なメカニズム）は不明のままである。

宇宙年齢が20億〜30億歳の頃、宇宙全体としては星生成のピークを迎えるので、「宇宙史の正午（cosmic noon）」と呼ばれている。この時代、銀河の質量の半分は星を作りうるガスが担っているので、星生成が止まるのは確かに不思議だ。銀河に何か事件が起こったことは確かだ。しかし、まだ何が起こったのか特定できていない。コスモス・プロジェクトを始め、さまざまな銀河サーベイがその秘密を解き明かしてくれるだろう（第二部を参照）。

ここで、一九〇六年の二月のことが思い出される。私はコスモス天域の観測シーズンをひかえてハワイ島ヒロのとあるホテルに投宿していた。窓から望むヒロ湾を客船「プライド・オブ・アメリカ」が出てゆくのを眺めながら、わが身になぞらえてこう思った。

「超国際プロジェクトであるコスモスを支えているのはすばる望遠鏡だ。もし私が乗る「船」があるとすれば、その名は「プライド・オブ・すばる」だ。行く先は決まっている。コスモス（＝宇宙）だ。」

第二部　コスモスな日々、再び(44)　2015

——マエストロ銀河の発見(45)

谷口義明、小林正和、鍛治澤賢、長尾透、塩谷泰広（愛媛大学）

(44) 本書第一部の下敷きになった『コスモスな日々』の天文月報掲載号は，「まえがき」に示した通り．

(45)　ここで紹介する研究成果は，日本天文学会 2015 年秋季年会でプレスリリースされたもの．

私たちの住む天の川銀河のような銀河は、138億年前の宇宙誕生後数億年が経過した頃に誕生しました。そして、宇宙の年齢が 20億歳 から30億歳の頃に、銀河では爆発的に星が生まれ、その後は星を作らずに静かに進化してきたことがわかっています。

では、なぜ星の生成が止まったのか？ また、星生成を止めたばかりの銀河はどこにあるのか？ これらの答えを求めて私たちは100億光年彼方の宇宙で、これまでにない大規模な輝線銀河の探査を行いました。そして、ついに「まさに星の生成が止まりつつある」銀河を発見することができました。

星生成が止まるタイムスケールを評価してみると、わずか数千万年から数億年であることがわかりました。銀河の年齢は約130億歳ですから、それに比べたら星生成の停止は一瞬の出来事といってもよいでしょう。今回の発見で、銀河の初期進化の全貌がようやく見えてきました。すばる望遠鏡による広域輝線銀河探査の大きな成果です。以下で、今回の発見の道筋をご紹介しましょう。

1 銀河での星生成の変遷

宇宙年齢が138億歳である現在の宇宙を眺めると、たくさんの美しい銀河があります（図2-1）。

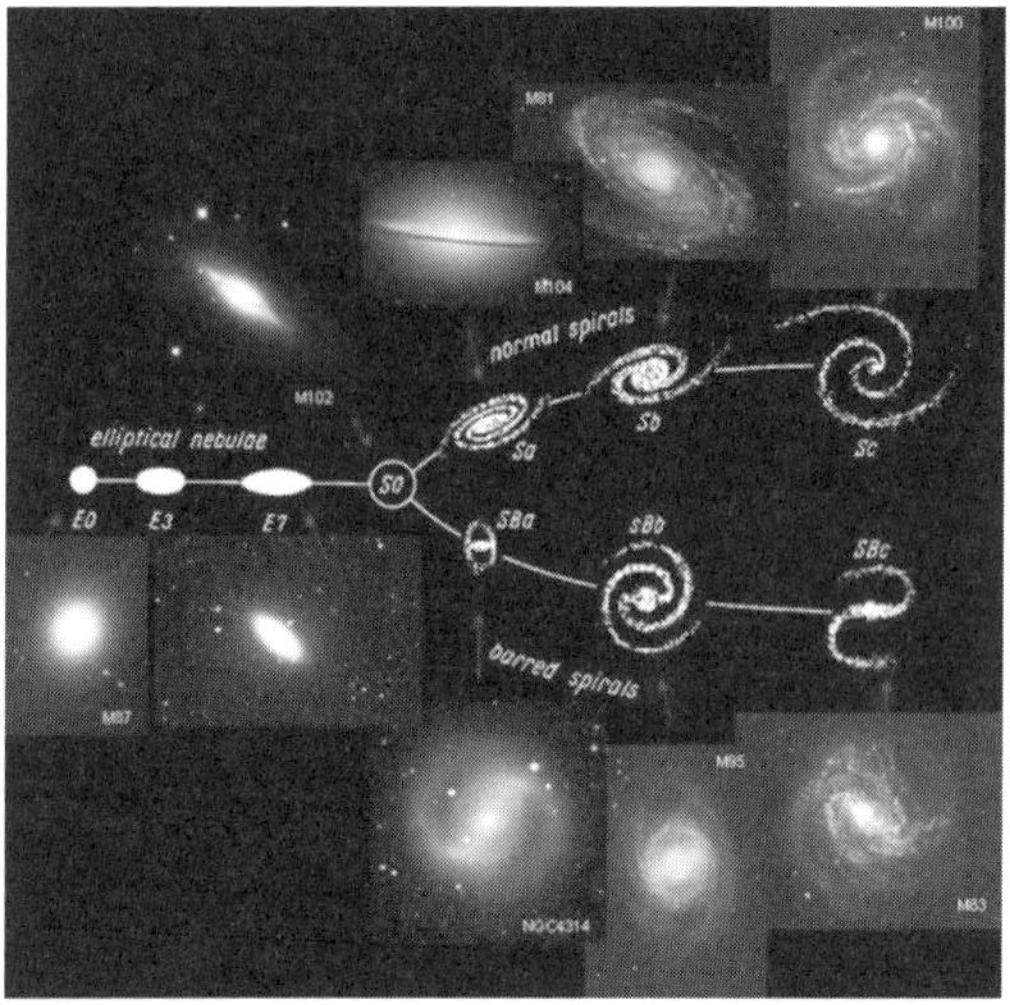

図 2-1　近傍の宇宙にある様々な形をした銀河．図中，左側にある E0 から E7 と記された銀河は，見かけが楕円のように見えるので楕円銀河と呼ばれている．その右側には渦巻銀河が示されているが，これらは円盤部に棒状の構造があるかどうかで，二つの系列に分かれる．楕円銀河と渦巻銀河の中間に位置する S0 銀河は，円盤構造はあるものの，渦巻がない銀河．

楕円銀河や、渦巻銀河でも大きな質量（太陽の質量の数百億倍以上：太陽質量＝2×10^{30} kg）をもつ銀河は100億年以上前に生まれた古い星々でできています。これらの大質量銀河は、現在ではほとんど星を作ることなく、穏やかに進化しています。

これらの大質量銀河にある星々はいつ頃作られたのでしょうか？　宇宙にある多数の銀河を調べてみると、銀河は宇宙年齢が30億歳の頃までに活発に星を作っていたことがわかっています（文献1）（図2-2）。したがって、これらの大質量銀河でも若い頃に活発に星を作っていたと考えられています。

しかし、不思議なことに、現在の大

質量銀河には１００億年前に生まれた軽い星々しか残っていません。つまり、大質量銀河は今から１００億年前に、突然星を作らなくなったのです。星はガスからできています。星を作る材料であるガスは１００億年前の銀河にもあったはずです。それにもかかわらず大質量銀河は突然星を作ることを止めたとしか考えられないのです。この問題は「星生成抑制問題」（１９３頁参照）と呼ばれ、現在、天文学の大きな謎になっています（文献2、3）。銀河の進化を理解するためには、どうしてもこの問題を解決する必要があります。

　１００億光年彼方の宇宙を調べると、多くの銀河は活発に星を作っています。しかし、なかには星を作るのを止めた銀河もあります。問題なのは、星を作るのを止めつつある銀河が観測されないことです。

　なぜ、星を作るのを止めるのか？　この問題を解決するには、星を作るのを止めつつある銀河を実際に見つけて、その銀河で何が起こっているのかを明らかにする必要があります。

　今回私たちは、すばる望遠鏡を使って約１００億年前の

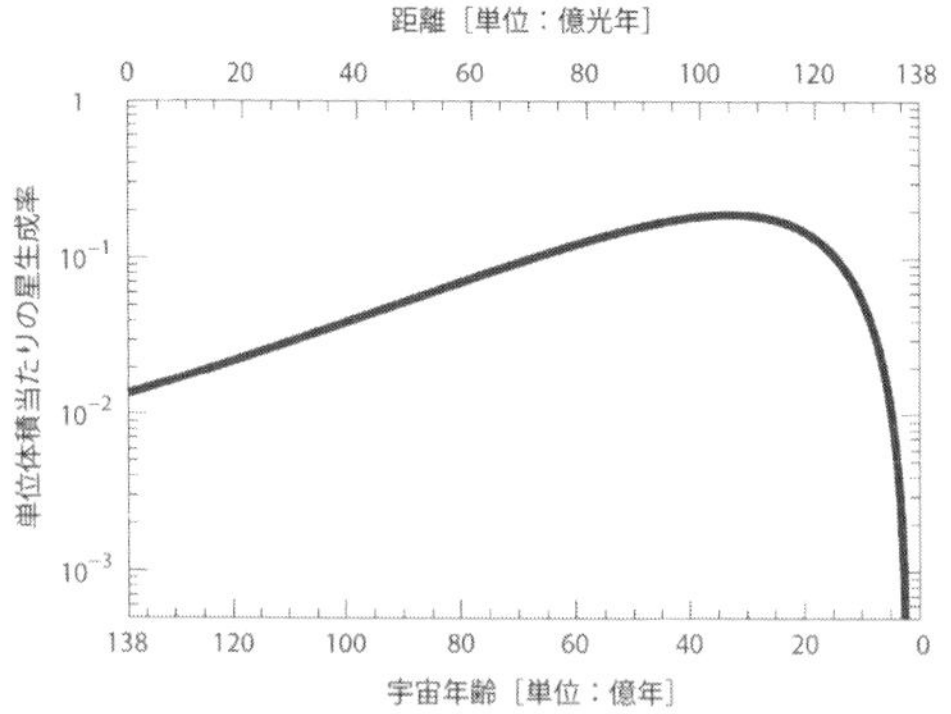

図 2-2　宇宙における星生成の歴史の概略図．この図は，図 1-57 を模式的に表現したもの．ただし本図の横軸は距離にとってある．

銀河の大規模探査を行うなかで、まさに〝星を作ることを止めつつある銀河〟をとらえることに、世界で初めて成功しました（文献4）。

2 コスモスな日々

コスモス・プロジェクト（文献5）がＨＳＴの基幹プログラム(46)〝宇宙進化サーベイ（The Cosmic Evolution Survey）〟の略称であることは、第一部で述べた通りです。観測天域はろくぶんぎ座方向に設定された2平方度（1・4度角×1・4度角）の広さの天域です（以下ではこれを、「コスモス天域」と呼びます：図2‐3）。説明が第一部とダブル部分がありますが、図2‐3を見るとわかるように、2平方度という広さは満月9個分をカバーする広さになります。ハッブル宇宙望遠鏡（ＨＳＴ）による観測は高性能サーベイカメラ（ＡＣＳ）を用いて２００３〜０５年の期間で行われました（第一部、図1‐3参照）。ＨＳＴにも、すばる望遠鏡や他の波長帯の高性能望遠鏡を総動員してＸ線から電波まで素晴らしいデータが得られています。既に論文１００報以上の研究成果を出し、銀河、巨大ブラックホール、

(46) HST の基幹プログラムとは、一般の観測プログラムではなく，大規模観測用に特別に差配されたプロジェクトとして推進される観測プログラム．英語名は “Treasury Program”.

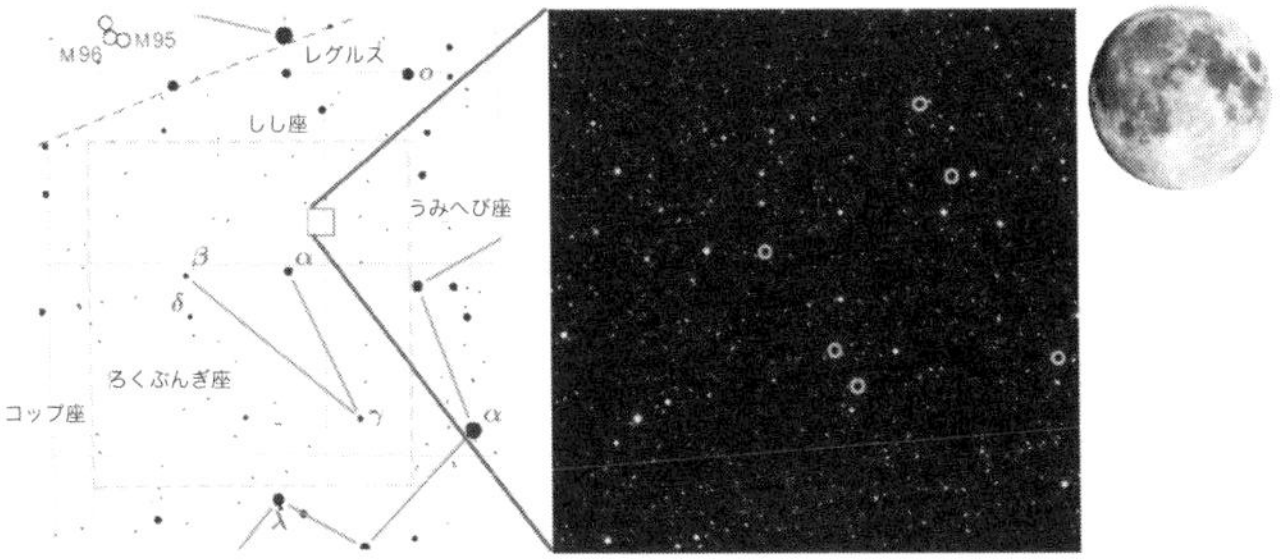

図 2-3 （左）ろくぶんぎ座にある「コスモス天域」（星図は Torsten Bronger 氏提供）.（右）すばる望遠鏡で撮影されたコスモス天域の可視光写真．ちなみに、○印はやがて登場する、第二部の主役である「マエストロ銀河」の位置．星のように見える天体のほとんどすべては，銀河系の外にある遠方の銀河．広さのスケールがわかるように，月（見かけの大きさは約０・５度角）を右上に示してある．

宇宙の大規模構造、そして暗黒物質の空間分布などの研究の発展に大きな貢献をしてきています。

3 コスモス20

私たちはコスモス・プロジェクトの一環として、すばる望遠鏡の主焦点カメラ、スプリーム・カムを用いた撮像サーベイ観測を行ってきました。20枚のフィルターを用いたので、このプロジェクトをコスモス20と呼んでいます（文献6、7）。

遠方の銀河を探査するためには、いくつかの光学フィルター（ある波長帯の光だけ透過して撮像するための装置）を組み合わせて撮像観測を行います。

まず、光学フィルターについて説明しておきましょう。

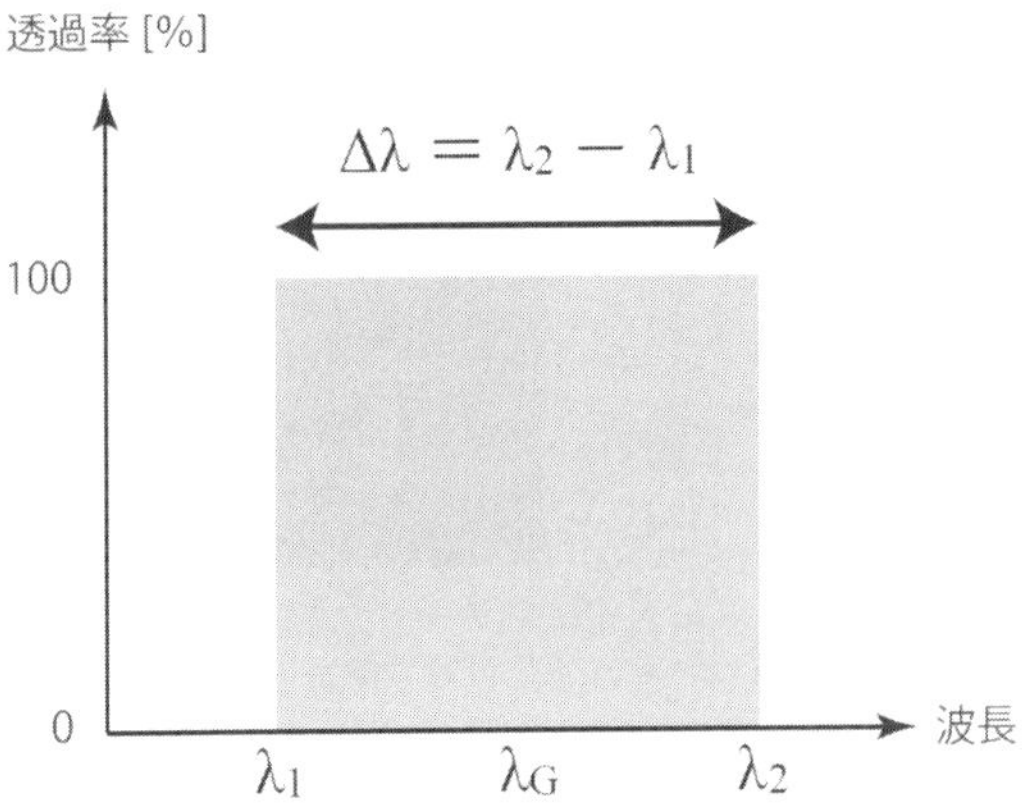

図 2-4　光学フィルターの透過曲線の例.

第一部で消化不良だった読者は、以下の説明で、かなりの程度納得していただけるでしょう。

天体の撮像観測（直接写真を撮ること）の場合、ある波長範囲の撮像データを集め、それらを解析することで天体の性質を調べます。この目的のために用いられるのが光学フィルターです。図2-4に可視光帯のフィルターの例を示します。このフィルターの場合、天体からやってくる光のうち、λ_1 から λ_2 の波長範囲にある光だけを透過します。重心波長を λ_G としています。

フィルターの帯域幅は①式で与えられます。帯域幅の広さの目安として、②式の波長分解能（スペクトル分解能）R が使われます。これらの式の R 以外の文字や記号については図2-4をご覧下さい。

フィルターはこの R の値によって、広帯域、中

$\Delta\lambda = \lambda_2 - \lambda_1$　①

$R = \lambda_G / \Delta\lambda$　②

帯域、及び狭帯域フィルターに分類されます。分類基準を表にまとめて示します。

一般の撮像観測に用いられるのは広帯域フィルターです。また、ある輝線（スペクトル線）を効率よく捉えたいときは狭帯域フィルターが用いられます。中帯域フィルターはそれほど普及しているわけではありませんが、以下の目的のために使用されます。

・強い輝線天体の探査を行う
・銀河の距離を撮像データだけで精度良く決める(47)

ここでは、強い輝線天体の探査に的を絞って3種類のフィルターの役割を説明します。

図2-5に広帯域、中帯域、及び狭帯域フィルターの透過曲線の例を示しました。ある波長に強い輝線があるとします（同図中、サメの背びれのような形の領域で示してあります）。広帯域フィルターで観測した場合、帯域幅が広いので輝線以外の波長帯の光で薄まってしまい、淡くしか映りません（同図、左上の星印）。中帯

表 2-1　光学フィルターの分類

	R
広帯域フィルター	5 – 10
中帯域フィルター	20 – 25
狭帯域フィルター	50 – 100

(47) 測光赤方偏移と呼ばれる．銀河の距離の測定は，一般的には，分光観測を行い，あるスペクトル線がどの程度赤方偏移しているかを調べることで行われる（分光赤方偏移）．

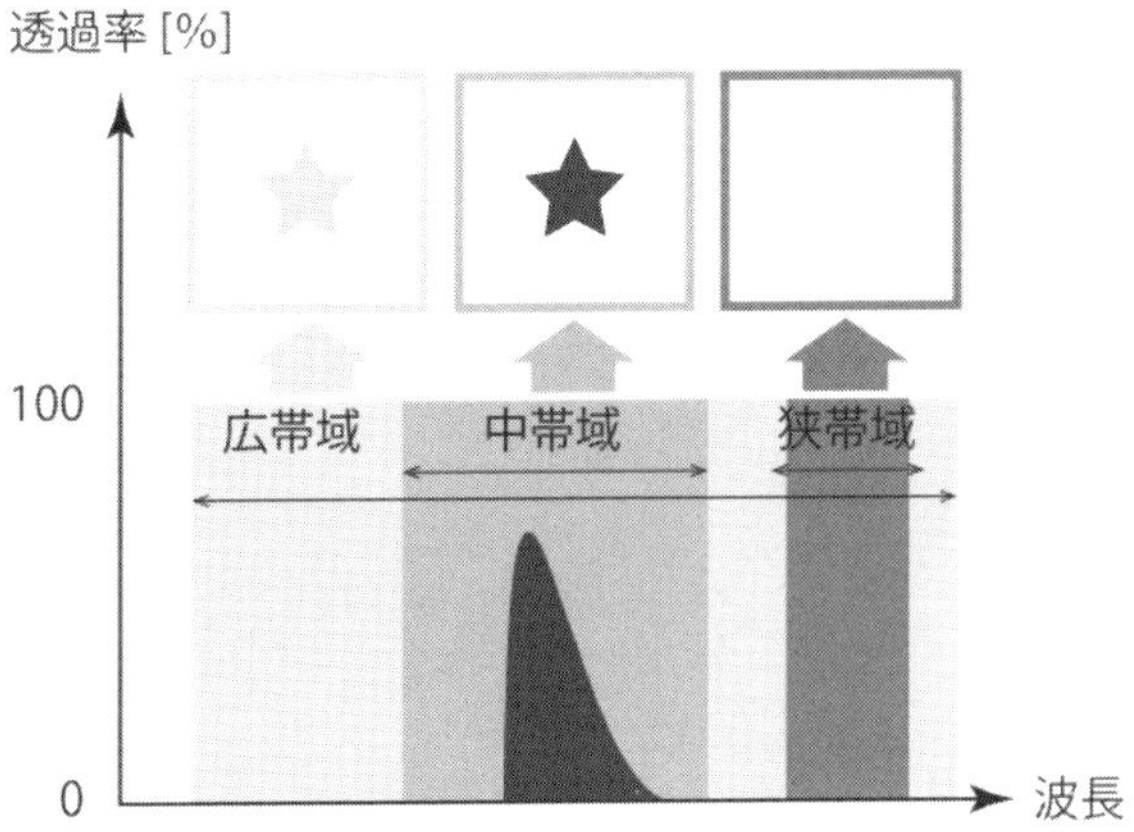

図 2-5　3 種類のフィルターの特長．この図では強い輝線が中帯域及び広帯域フィルターのカバーする帯域に入っている．強い輝線が狭帯域フィルターのカバーする帯域に入ると，もちろん強い輝線天体として検出される．ただし，カバーしている帯域が狭いので，検出確率は低くなる．

域フィルターで観測した場合、ちょうど輝線をうまく捉えているので、明るく写ります。一方、狭帯域フィルターで観測した場合、図の例では輝線の波長帯をカバーしていないので、全く映りません。

これらをまとめると以下のようになります。

（1）広帯域フィルターは輝線天体の探査には向かない

（2）中帯域フィルターは狭帯域フィルターに比べてカバーしている波長範囲が広めなので、強い輝線天体の探査に向いている

（2）は、中帯域フィルターの方が狭帯域フィルターに比べて、観測している波長帯が広いため、より広い宇宙を探査していることを意味します。

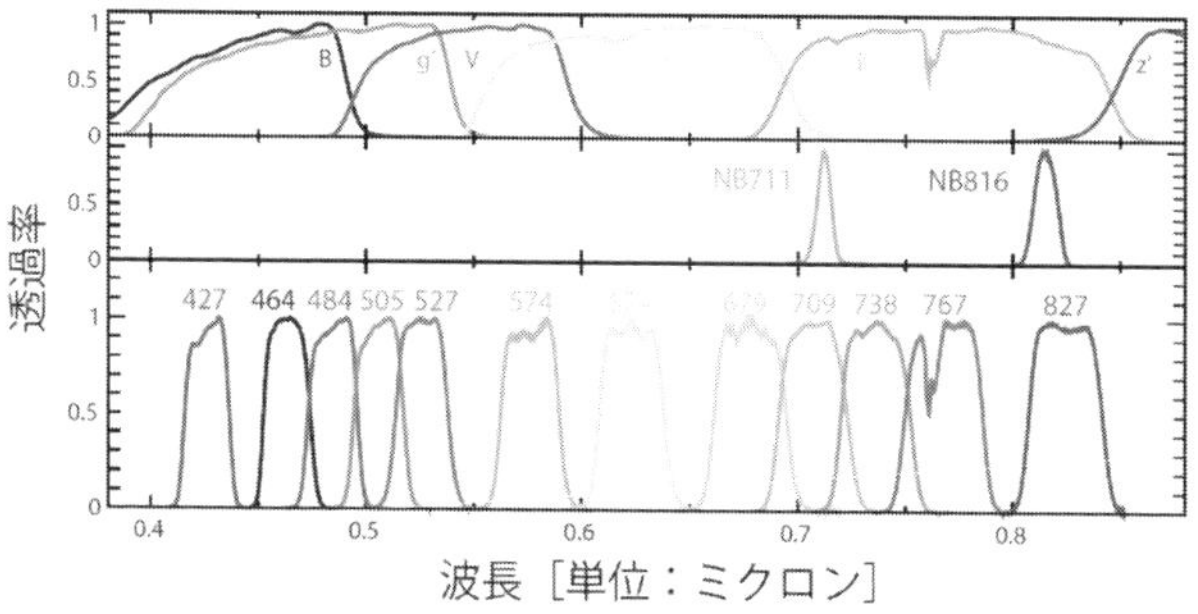

図 2-6　コスモス 20 プロジェクトで用いられた 20 枚の光学フィルターの透過曲線．マエストロ銀河（第二部のハイライト「4　ライマンαエミッター」の項を参照）の発見に貢献した 12 枚の中帯域フィルターの透過曲線は下段に示されている．それぞれの透過曲線の上に記されている 3 桁の数値はフィルターの中心となる波長 (48) で，ナノメートル（10^{-9} メートル）の単位が用いられている．広帯域と狭帯域フィルターの透過曲線はそれぞれ上段と中段に示されている．

したがって、強い輝線天体を広域サーベイしたい場合、中帯域フィルターの方がより効率の良い探査を可能にします。今回の私たちの観測は、まさにこれを狙って行われました。

私たちの「コスモス」天域の撮像観測では6枚の広帯域フィルター、2枚の狭帯域フィルターに加え、世界ではほとんど使われていない中帯域フィルターを12枚も使用しました（図2-6）。第一部の繰り返しになりますが、合計20枚のフィルターを使うので「コスモス20プロジェクト」と呼ばれています。

(48) 中帯域フィルターは英語では “intermediate band filter”．狭帯域フィルターは “narrow band filter” なので “NB” と略されるので，これに従うと中帯域フィルターは “IB” となる．しかし，すばる望遠鏡の主焦点カメラであるスプリーム・カム用の中帯域フィルターとして最初のフィルター・システムであるため，IA フィルターと呼ばれている（文献 8, 9）（I A427 など）．

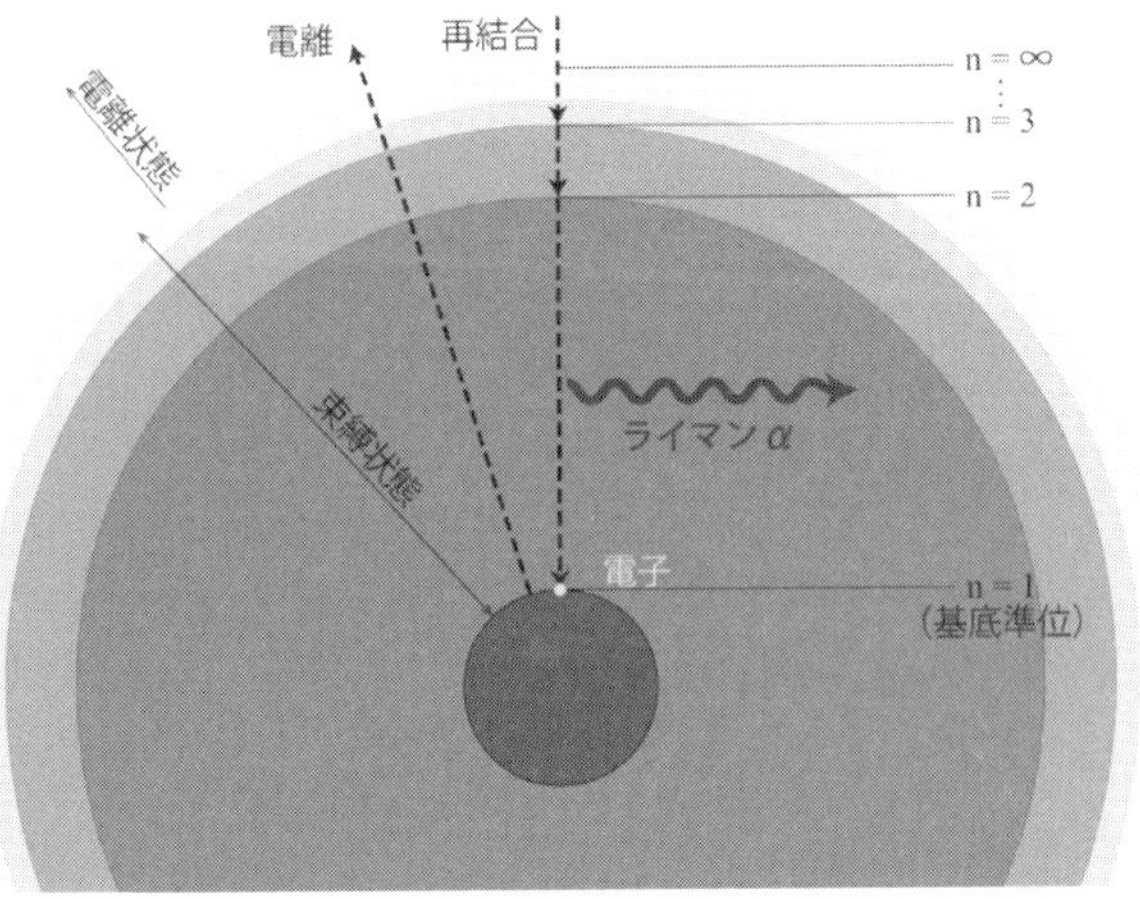

図 2-7　水素原子の電離と再結合に伴う再結合線の放射原理.

4 ライマンαエミッター

激しい勢いで星を作っている銀河の中にあるガスは、質量の大きな星から放射される強烈な紫外線で電離され、特徴的なスペクトル線（輝線）を放射します。遠方の銀河の場合、水素原子の放射するライマンα輝線（図2-7）が特に強く観測されます。

まず、水素原子のライマンα輝線放射について説明しておきましょう。水素は陽子1個と電子1個からなる、最もシンプルな元素です。水素原子は波長91・2ナノメートルより短波長の紫外線にさらされると電離され、陽子と電子に分かれます。しかし、両者は再び結合し（再結合）、その際に再結合線と呼ばれる輝線を放射します

（図２-７）。水素原子のエネルギー準位は飛び飛びの値を持っており、最もエネルギーの低い状態が基底状態（準位）、それよりエネルギーの高い準位は励起準位と呼ばれます。陽子と電子があるエネルギー準位に再結合すると、最終的には最もエネルギーの低い基底状態まで遷移していきます。第２励起準位（図中の$n=2$である準位）から基底状態（図中の$n=1$）に遷移するときに放射されるスペクトル線（輝線）がライマンα線（波長＝１２１・６ナノメートル）と呼ばれます。水素原子の再結合線の中で、ライマンα線は最も強く放射されるスペクトル線です。

　遠方の宇宙で、ライマンα輝線で輝いている銀河はライマンα輝線銀河（文献10）（ライマン・アルファー(Lyman) α (alpha) エミッター（emitter）なので、通常はＬＡＥと略されます）と呼ばれます。今までの探査では、ライマンα輝線を効率よく検出するために、狭帯域フィルターが使われてきました。狭帯域フィルターを用いるとライマンα輝線銀河を効率よく検出できますが、フィルターの帯域幅が狭いので、広い体積を調べることができないというデメリットがあります。

　しかし、やはり広い体積を調べることはとても重要です。なぜなら、今まで知られていなかった銀河が見つかる可能性があるからです。遠方の宇宙に、どんな銀河があるのか？　実際のところ、予測不能なことが多いものです。そこで私たちは、通常のライマンα輝線銀河よりはるかに明るい銀河があるかもしれないと考え、「コスモス天域」で広域探査をすることにしたのです。その際用いたのが

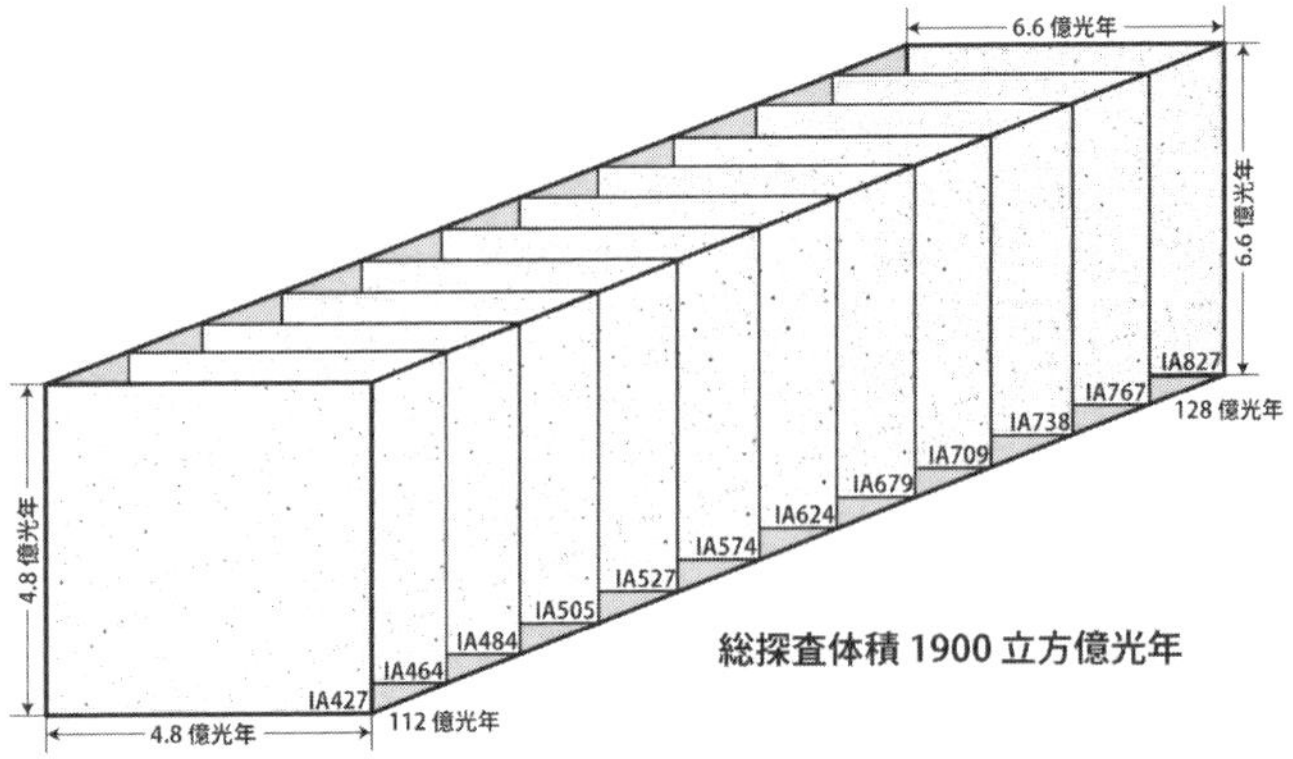

図 2-8　コスモス 20 プロジェクトの 12 枚の中帯域フィルターによる広域探査でライマンα輝線銀河を探査した領域．この図に示されている各中帯域フィルターの画像は，観測で実際に得られた画像．1 立方億光年は 1 億光年× 1 億光年× 1 億光年の立方体の体積．

上述の12枚の中帯域フィルターです。これらのフィルターは波長では0・427ミクロンから0・827ミクロンをカバーし、ライマンα輝線銀河の距離に換算すると112億光年から128億光年を一挙にカバーします（図2-8）。「コスモス天域」の広さは2平方度もあるので、今までにないライマンα輝線銀河の広域探査が実現しました。

この結果、私たちの探査で、人類が今まで目にしたことのない、不思議な性質を持つ銀河が見つかりました。ライマンα輝線銀河であることは確かなのですが、これらの銀河は次の四つの性質を示します。

（1）ライマンα輝線が異常に強い
（2）大質量銀河である（太陽の300億倍以上の質量）

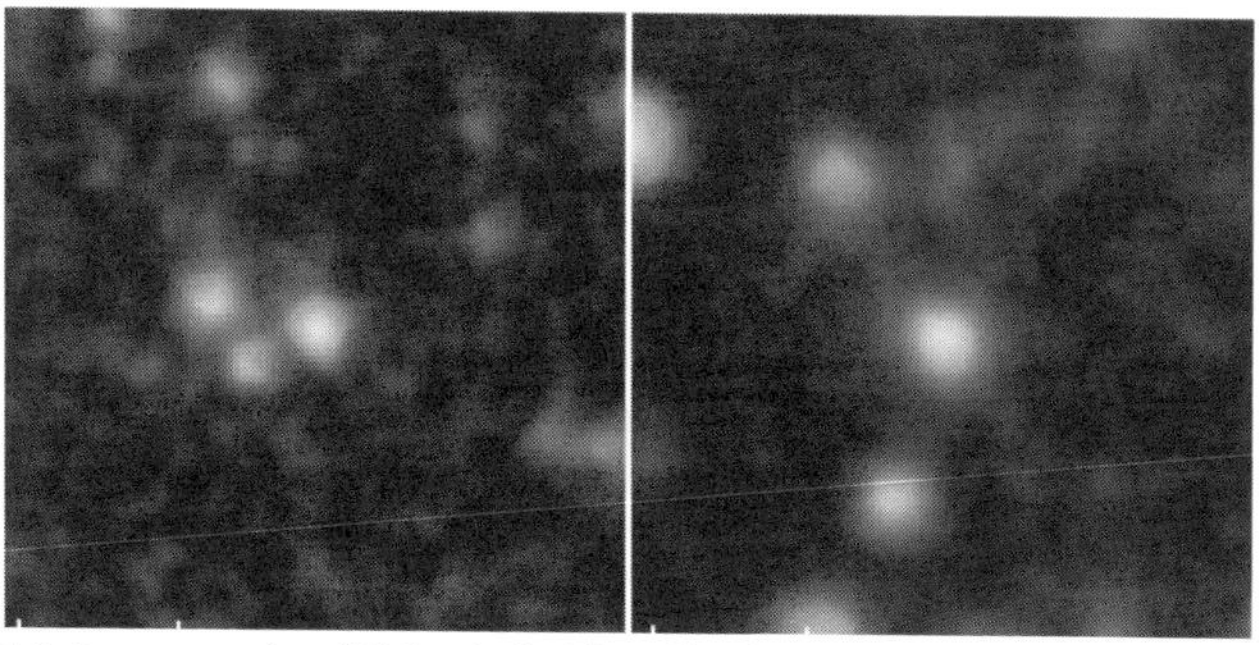

図 2-9　マエストロ銀河の合成画像の例．各画像はマエストロ銀河を中心に，一辺 15 秒角× 15 秒角の範囲を表示．図中の縮尺のための横棒は 1 万光年に対応．上が北、右が西に対応．

（3）銀河にはライマンα輝線を放射する元になる大質量星が少ない
（4）ライマンα輝線は銀河を取り巻くように拡がっている

私たちは、これらの性質を示すライマンα輝線銀河を6個発見し、「マエストロ銀河」(49) と名付けました（図2-9）。

では、なぜマエストロ銀河は不思議な銀河なのでしょうか？　それは上にあげた性質のうち、（1）と（3）が矛盾するからです。つまり、マエストロ銀河は強いライマンα輝線を示しているにもかかわらず、比較的古い年齢の星の割合が高いのです。この性質は次の二つの可能性を示唆します。

(49) マエストロ ＝ MAESTLO（MAssive Extremely STrong Lyman α Object の略）．英単語としてあるマエストロは maestro．音楽家や芸術家の敬称として使われる言葉だが，スペルが異なるので要注意．

（Ⅰ）活発な星生成が止まった直後
（Ⅱ）星生成はまだ続いているが、星生成率が急激に減少している最中

宇宙にあるほとんどの銀河は、

・星生成を続けている銀河（星生成銀河）
・星生成をしていない銀河（いわゆる「パッシブ銀河」(50)）

の2種類に分類されます。しかし、マエストロ銀河はこれら2種類のいずれにも該当しません。つまり、（3）の性質から、マエストロ銀河は上記の（Ⅰ）か（Ⅱ）のフェーズにいる銀河です。言い換えれば、星生成銀河から星生成をしていない「パッシブ銀河」へと進化しつつある銀河だったのです（図2-10）。

銀河は数百万から数千億個の星の集団です。銀河の中の星々は、最初からあったわけではなく、銀河の誕生と共にガスから作られてきたものです。つまり、銀河の進化とは「ガスから星を作ってきた歴史」と考えることができます。そのため、銀河の進化を特徴づ

(50) 星生成をしていない銀河は、「活動的ではない」という英語のパッシブ（passive）という単語を用いて，専門用語では “passive galaxy” と呼ばれる．対応する日本語訳で定着しているものはまだないが，「パッシブ銀河」の他，「受動的銀河」と呼ばれることもある．

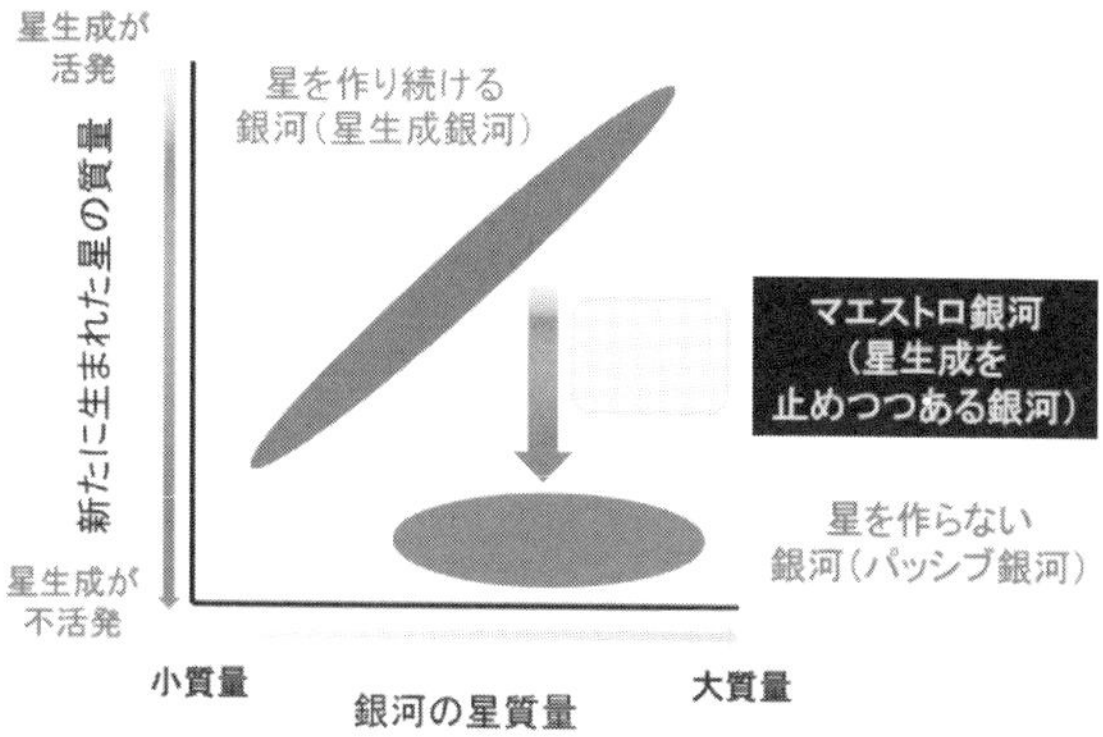

図 2-10　銀河の中にある星の総質量（星質量と呼ばれる）と星生成率の分布の関係（星生成率－星質量関係）．縦軸・横軸共に対数目盛りが刻まれている．

ける物理量として、次の二つがよく使われます。

・銀河の星質量：銀河に含まれる星々の総質量（単位＝太陽質量）

・星生成率：1年間当たり、どれだけの質量のガスが星になったかを示す量（単位＝太陽質量／年）

図2‐10で説明したように、これら二つの物理量は銀河の進化フェーズを理解するのに大変役立ちます。

宇宙で見られる銀河のほとんどが星生成銀河（図2‐10の長楕円領域）と星生成をしていない「パッシブ銀河（図2‐10のずんぐりした楕円領域）に分けられ、その過渡期にある銀河は数が非常に少ないことが知られていました。マエストロ銀河の星質量と星生成率はまさにこの過渡期に位置しており（図2‐10の長方形領域）、マエストロ銀河が星生成銀河から、パッシブ銀河へ進化しつつある銀河であることがわかります。（新たに星が生まれているフェーズでは、銀河の星質量は、単調増加します。そのため、この図では右上がりの系列が見えています。これを銀河の「主系列」と呼びます。星が作られなくなると、星生成率はゼロなので、図中では右下の長い楕円で示したエリアに銀河が分布することになります。）

私たちはなぜマエストロ銀河の存在に気づいたのでしょうか？　すでに説明したように、星生成率‐星質量関係（図2‐10）を調べると、マエストロ銀河の存在に気がつきます。しかし、もっと直接的な証拠があります。それは〝銀河の色〟です。

マエストロ銀河はライマンα輝線が異常に強い銀河として選択されているので、本来ならば活発に星を作っている銀河だと予想されます。その場合、大量に作られる大質量星のおかげで、銀河の色は青くなるはずです(51)。星生成率‐星質量関係を調べて、変わった銀河がいることに気がついたので、どんな色をしているか調べてみました。すると、青いどころか、逆に赤いことがわかりました。

星は質量が重くなると表面の温度が高くなり、青く見えます。一方、質量が軽くなると表面温度が下がるので赤く見えます。銀河にはさまざまな質量を持つ（つまり、さまざま

(51) 太陽の表面温度は約 6000 度なので，黄色く見える．太陽より軽い星は表面温度が下がるので赤く見える．一方，大質量星は表面温度が3 万度以上にもなり，真っ青な色をしている．

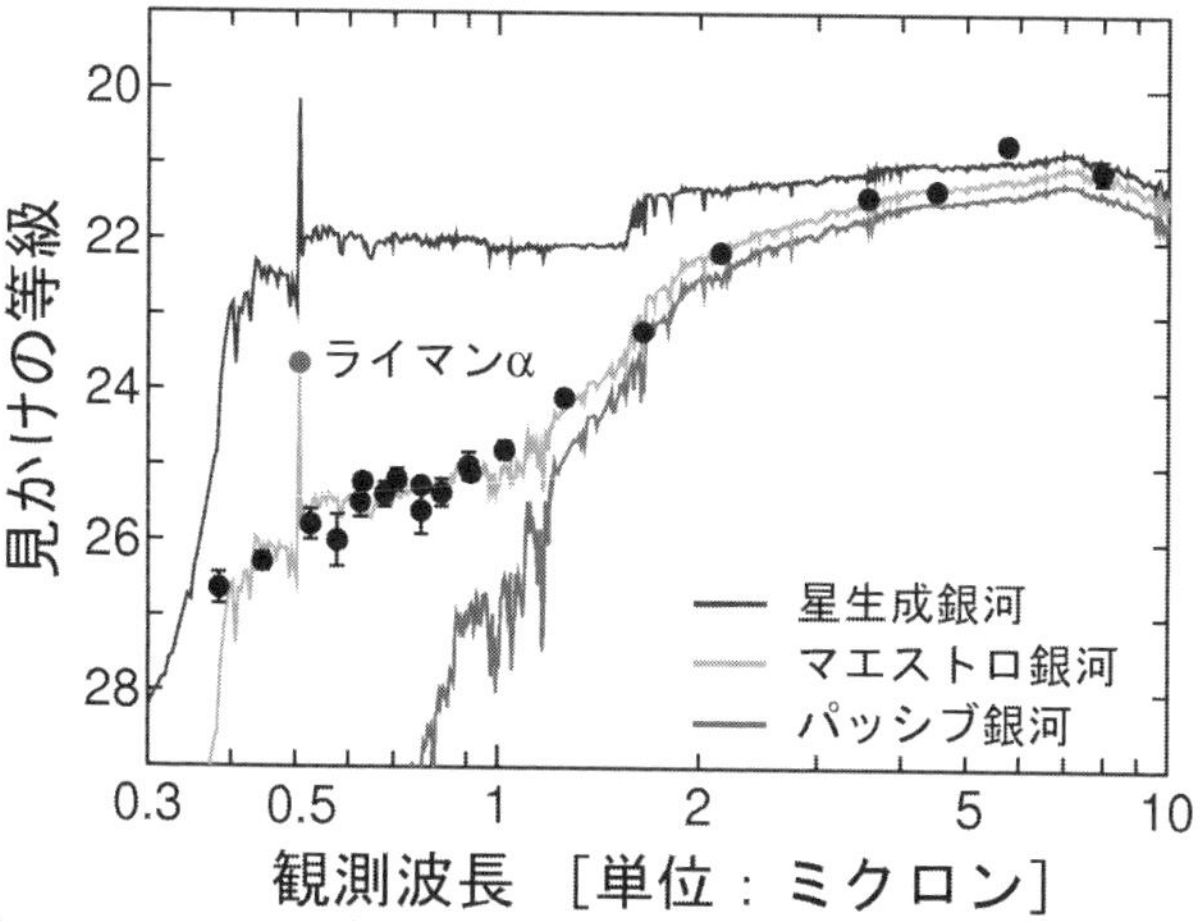

図 2-11　マエストロ銀河と星生成銀河（再上部の曲線）及びパッシブ銀河（再下部の曲線）スペクトル・エネルギー分布の比較．マエストロ銀河の黒い点は本研究で発見された 6 個の内の一つの実際の観測データ．真ん中の曲線は，これらのデータ点に最も良く合うスペクトル・エネルギー分布（理論的なモデル）．脇に「ライマン α」のラベルがある丸印は，中帯域フィルターの一つである I A505 バンドで検出されているが，非常に明るいことがわかる．

な色を持つ）星があるので、銀河の色はそれらを足し合わせた色になります。そのため、銀河の明るさをいろいろな波長で測ることで、その銀河がどのような質量の星からできているのかを推定することができます。

星生成を続けている銀河では、大質量星もたくさんできているので、銀河の色は青くなります。したがって可視光より紫外線で明るく見えます。一方、星を作らないパッシブ銀河ではほとんどが小質量星なので、銀河の色は赤くなり、赤外線の方で明るく見えることになります。

図２-11に典型的な星生成銀河とパッシブ銀河のスペクトル・エネルギー

分布と一緒にマエストロ銀河のスペクトル・エネルギー分布を示しました。マエストロ銀河は明らかにパッシブ銀河に近い性質を持つことが一目瞭然です。まだ紫外線の波長帯で少し明るいのは、（大質量星は死にましたが）中程度の質量を持つ星々が生き残っているためです。この図から、マエストロ銀河は星生成を突然止めて、パッシブな銀河へと移行中であることがわかります。

ここで謎が一つ出てきます。マエストロ銀河では星生成が止まりつつあり、それまでに作られた多数の寿命の短い大質量星の個数が激減している進化段階にいます。ライマンα輝線は水素原子が電離されているガスの中で放射されます。この電離ガスを作る主たる要因は、大質量星の放射する電離紫外線です。つまり、強いライマンα輝線は本来なら大質量星がたくさんあることを意味します。ところが、マエストロ銀河には肝心の大質量星が少ないのです。それにもかかわらず、なぜライマンα輝線が異常に強いのか？　これは大問題です。

解決の糸口はマエストロ銀河の性質の一つである（4）です。つまり、ライマンα輝線が銀河本体を取り囲むように拡がっていることです（図2-9参照）。星生成が終わりつつあるということは、それまでに作られた多数の大質量星が既に超新星爆発を起こして死んでいることを意味します。超新星爆発は莫大なエネルギーを放出するので、多数の超新星爆発が起こると相乗効果で爆風波となり、銀河本体から風が吹き出すように逃げています。スーパーウインド（あるいは銀河風）と呼ばれる現

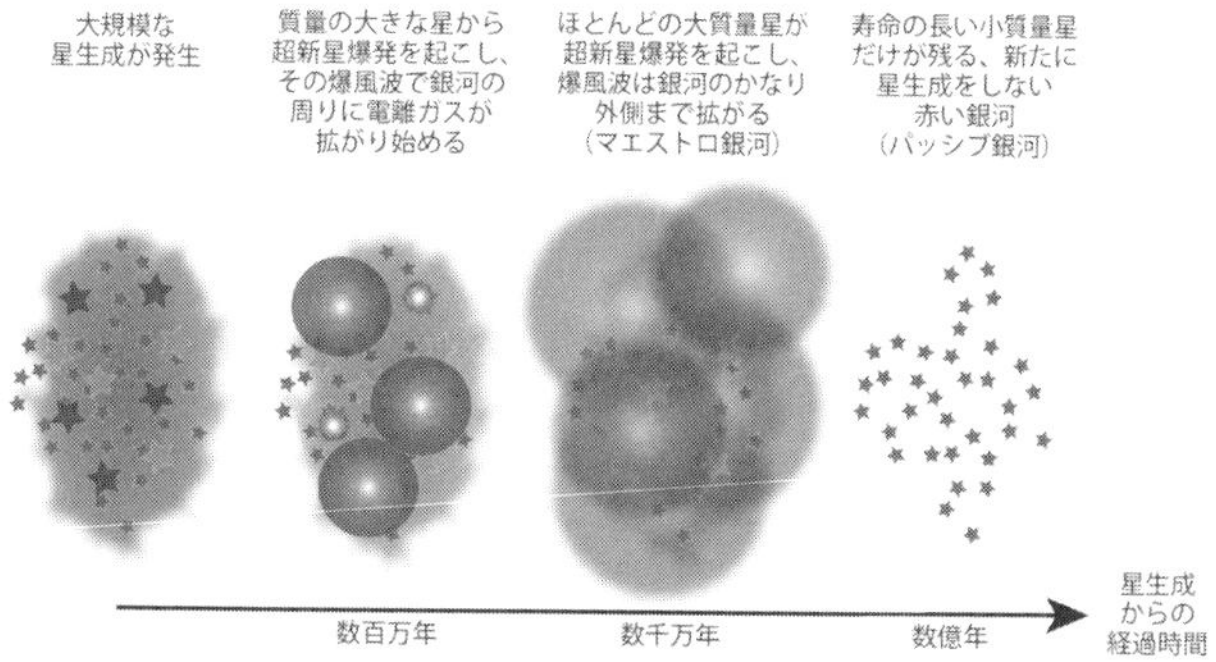

図 2-12　星生成銀河からマエストロ銀河を経てパッシブ銀河へ進化する様子.

象です。

スーパーウインドは、銀河の中にあったガスを銀河の外に押し出しますが、その時の衝撃で水素ガスは電離されてライマンα輝線を放射します。これにより、マエストロ銀河の外側でライマンα輝線が強く見える事実を説明することができます。一方、スーパーウインドは星の材料であるガスを銀河の外に吹き飛ばすので、銀河の中には星の材料となるガスがなくなり星生成が止まります。このようにスーパーウインド説を採用すると、マエストロ銀河の性質を自然に説明することができます（図2-12）。

5 「星生成抑制問題」への挑戦

以上のように、100億年前の宇宙にあるライマンα輝線銀河の大規模探査を行う中で、星生成を止めつつある銀河であるマエストロ銀河を、思いがけず発見することができました。

では、なぜ今までの探査では発見できなかったのでしょうか？　今回私たちはこれまでにない大規模な探査を行いましたが、発見されたマエストロ銀河はたった6個です。個数が少ないということは稀な銀河であることを意味します。この「稀さ」は統計的にはマエストロ銀河の状態にいる期間が短いことを意味します。この期間はマエストロ銀河と同程度の質量を持つパッシブ銀河の個数とマエストロ銀河の個数比から、数千万年から数億年程度であることがわかります。なんと、この期間はスーパーウインドができる期間と一致しているのです（スーパーウインド説の傍証となります）。

今回、このような短いタイムスケールの現象を発見できたのは、私たちの探査が従来のライマンα輝線銀河探査の10倍以上も広い体積を観測したからです。大規模探査の重要性を改めて認識することができました。

こうして、以下のような大質量銀河の進化の描像が見えてきました。

・大質量銀河は生まれてから10億年程度の間、活発な星生成を行う
・その後、大質量の星が寿命をむかえる時点でスーパーウインドが発生し、星の材料であるガスが銀河の外側に噴出される（マエストロ銀河のフェーズ）

・大質量銀河は星生成を止め、静かに進化し続け（パッシブ銀河のフェーズ）、現在の宇宙で観測される楕円銀河などの大質量銀河になる

今後は、すばる望遠鏡の新しい主焦点カメラであるハイパー・スプリーム・カムを使ってさらに多くのマエストロ銀河を発見し、揺るぎない銀河進化の描像を確立したいと考えています。また、個々のマエストロ銀河の周りの電離ガスの運動を詳細に調べ、スーパーウインド・モデルの立証を目指します。これにより、大質量銀河がなぜ突然、星生成を止めるのか、その物理過程を明快に理解できると考えています。

参考文献

1) Bouwens, R. J., Illingworth, G. D., Oesch, P. A., et al. 2015, ApJ, 803, 34
2) Peng, Y. -J., Lilly, S. J., Kovač, K., et al. ApJ, 721, 193
3) Brennan, R., Pandya, V., Somerville, R. S., et al. MNRAS, 451, 2933
4) Taniguchi, Y., Kajisawa, M., Kobayashi, A. R. M., et al. 2015, ApJ, 809, L7
5) Scoville, N. Z., Aussel, H., Brusa, M., et al. 2007, ApJS, 172, 1
6) Taniguchi, Y., Scoville, N. Z., Murayama, T., et al. 2007, ApJS, 172, 9

7) Taniguchi, Y., Kajisawa, M., Kobayashi, M. A. R., et al. 2015, PASJ, submitted
8) Hayashino, T., Taniguchi, Y., Yamada, T., et al. 2000, SPIE, 4008, 397
9) Taniguchi, Y. 2004, in Studies of Galaxies in the Young Universe with New Generation Telescope, Proceedings of Japan-German Seminar, held in Sendai, Japan, July 24-28, 2001, Eds.: N. Arimoto and W. Duschl, 2004, p. 107-111
10) Finkelstein, S. L., Padovich, C., Dickinson, M., et al. 2013, Nature, 502, 524

第三部　コスモスな日々——２１０８

銀河旅人　（ぎんかわ　たびと）
（谷口義明　愛媛大学宇宙進化研究センター）

銀河旅人@アランフェス

1 カスム君

二一〇八年のある日。ニホン行政区、カンダ川沿いにあるアキバ(52)の第22居住区の一室にて。

「あれっ⁉」

「どうした」

「ほら、あの変な箱。なんか点滅してるぜ」

「色は？」

「黒だ」

「ああ。それなら重力波バーストだよ。特に珍しくもない」

「重力波バースト？　何だよ、それ」

「まあ、何でもいいさ。ところで、そのアラートはどの方向？」

「方向？」

(52)　2101年にニホン行政区は大きな変貌を遂げた．昔，トウキョウと呼ばれていた街は消え，アキバ，シンジュク，そしてスガモの3つのエリアだけが残った．スガモが残ったのは意外だが，やはり刺抜き地蔵のご利益というものだろう．

「アラート画面の上を見ろよ。何か書いていていない？」

「ああ、これか。Ｍ81って書いてあるぜ」

「おっ！　それは珍しい！」

ここ数日しょっちゅう黒のアラートが出ていた。でも、すべてＭ82の方向からだった。

「そうか、Ｍ81か。それは面白い」(53)

あいつはひとりで、にやにやしていた。

何が面白いのか、僕には分からなかった。でも、そんな僕にもわかったことがあった。

２１０８年。宇宙は面白くないほどにモニターされていることだった。

僕はとりあえずあいつに聞いた。

「いったい、あれは何なんだよ」

不気味に点滅する箱をチラッと見て、あいつは無愛想に答えた。

(53) おおぐま座のM82は大質量星がたくさん生まれているスターバースト銀河である．そのため超新星爆発も多数発生する．また，大質量星の連星も多いはずである．そのため重力波を出す天体がたくさんある．一方，M82に近接しているM81は年老いた渦巻銀河なので，大質量星はほとんど生まれていない．この状況を踏まえた会話になっている．

「あれか？　カスム君だよ」

「……」

こうして、僕の頭は霞に包まれた。

2 「コスモス」2003

ポカンとしている僕を見つめ、あいつは言った。

「……しょうがないな、少し説明してやるよ」

なんだ、いいとこあるんだ、あいつも。僕は少し彼を見直した。

「ああ、頼むよ。何しろ、頭の中が霞んでるよ」

「話は少し長いが、いいのか？」

「いいよ。……でも、手短に」

ちょっと、眉をひそめたような気もしたが、あいつは話し始めた。

話は21世紀に戻る。二〇〇三年。ハッブル宇宙望遠鏡史上最大のトレジャリー・プログラム(54)『宇宙進化サーベイ』が発進した。Cosmic Evolution Survey。通称「コスモス」（COSMOS）だ。銀河の進化、巨大ブラックホールの進化、暗黒物質の進化。これらを宇宙大規模構造の形成とリンクさせて調べ上げようというプロジェクトだった。米欧日、当時の世界十数カ国(55)から集められた天文学者たちが果敢に挑んだようだ。

資料によると日本からはヨシ・タニグチという人が参加していたことが分かっている。仲間からはヨシと呼ばれ、コスモス・プロジェクトの中で、すばる望遠鏡の観測を一手に引き受けていたようだ。なぜ、「コスモス」の中で一人の日本人が参加していたかは定かではない。だ

(54) その当時，ハッブル宇宙望遠鏡では特に重要性が認められ，多くの観測時間を要するプログラムをトレジャリー・プログラムとして採択し，最先端の研究を推進していた．COSMOS と並び，もう一つ有名なトレジャリー・プログラムは GOODS だ．Great Observatories Origins Deep Survey．WSA の前進である NASA の意気込みが感じられるプロジェクト名であった．宇宙の起源は？　銀河の起源は？　星の起源は？　惑星の起源は？　人類の起源は？　これらの起源を探る一環として目論まれたプロジェクトである．ここで WSA は World Space Agency である．本拠地はなぜかジュネーブにある．そして，ここに勤める日本人はいない．
(55) 現在の国名とは一部異なることもあるので注意されたい．

けど、誰かがすばる望遠鏡の観測を請け負わなければならなかったことは確からしい。

なぜなら、当時の望遠鏡の性能比較一覧によれば、すばる望遠鏡の撮像能力はまさにダントツだったことがわかるからだ。「コスモス」がハッブル宇宙望遠鏡だけでなく、すばる望遠鏡を必要としていたことはそのことからも頷ける。

ただ、どうもヨシと呼ばれる人物はすばる望遠鏡のスタッフではなかったらしい。ハイパーグーグル22の検索で調べてみると、一つ面白いブログの記事に突き当たる。ヨシと呼ばれる人物の大学院生だったと思われるセンジ・ササキという人の書いた記事だ。二〇〇五年に書き込まれたものだ。少し面白い内容を含むので、ここに一部引用しておこう。

図 3-1　アメリカ行政区、ハワイ島ヒロ居住区にある宇宙博物館のコスモス・ウイークの特別展示で公表されたヨシと Suprime-Cam のツーショット．撮影は，当時ヨシの大学院生だったアキノシン・ナカシマ．撮影は 2007 年 4 月．本当に 100 年も前の写真だと思うと，感慨深い．

ええ、ワイキキのバーで飲んでいたんですよ。ニックらと一緒に。ちょうど「コスモス」のデータ解析合宿がハワイ大学天文学研究所であって、僕が呼ばれて参加していたもので。

僕も前から気になっていたので、ニックに聞いてみたんです。

「ニック、どうしてヨシを選んだの？」

ニックは一緒にいたデーブやハーベと目をかわしながら言ったんです。

「ヨシは日本人ぽくないんだよ。だからだ」

なるほどなあ。

僕は何となくニックの言っていることが分かる気がしました(56)。

なかなか面白い。とにかく、「コスモス」というのは当時では、第一級の国際プロジェクトだったようだ。

(56) この引用に出てくる，ニック，デーブ，ハーベはそれぞれ Nick Scoville，Dave Sanders , Herve Aussel であることがわかっている．ニックは「コスモス」の研究代表者だ．

そして、そのヨシが雑誌のインタビューに答えた記事も残っている。彼はこう言っていた。

そうですね。すばるが偉いんですよ。僕は何もしていない。

確かにコスモス・プロジェクトの中で、すばる望遠鏡の果たした役割は大きかったようだ。なんと、可視光帯で21枚のフィルターバンドでコスモス天域を撮像しまくったというのだ。COSMOS-21というプロジェクト名だったこともわかっている。

「コスモス」天域の広さは2平方度。全天4万平方度のたった2万分の1ともいえるが、それは今だから言えることだ。当時としては、これだけの視野の天域をハッブル宇宙望遠鏡で撮像し、さらにすばる望遠鏡で撮像しまくるのはかなり大変なことだった。何しろ、ハッブル宇宙望遠鏡にその当時搭載されていたカメラの視野はたった3分角×3分角でしかなかった。現在の感覚からすればおもちゃ以下のようなものだ。しかし、その名前は振るっていた。掃天観測用高性能カメラ（Advanced Camera for Surveys）。通称ACSだ。その時代を生きていた人には胸にしみる名前だったんだろう。

一方、すばる望遠鏡のカメラの名前もかっこよかった。スプリーム・カム（Suprime-Cam）だ。もちろん、英語の supreme を意識していることは自明だ。だが、名前のオフィシャルな由来は Subaru Prime Focus Camera の適切な略だった。命名した人のセンスの良さがうかがわれて楽しい。

「ニホン人ぽくないセンスって、結構大事なのかもしれない……」

あいつは、そんなことを呟いていた。

これらのカメラに関心があれば、アメリカ行政区、ハワイ島ヒロ居住区にあるアロハ宇宙博物館に行ってみると良い。ＡＣＳは残念ながら回収に失敗したので写真しかないが、スプリーム・カムは展示されている。そして、その傍らに小さな写真を見つけることができるだろう。ヨシとスプリーム・カムのツーショットだ（図３-１）。だが、このささやかな展示は、「コスモス」・ウイークだけの特別展示なので、開催期間を確認してから出かけて欲しい。マハロ(57)。

「わかったよ」

僕は、ようやく相槌を入れた。

(57) マハロはハワイ語で“ありがとう”という意味.

3 「コスモス」2007

今から100年も前のことを紐解くのも楽しいものだ。二〇〇七年。この年はコスモス・プロジェクトにとって、一つの節目になった年だった。

まず、一月。Nature誌に当時としては驚くべき成果が公表された。その成果とは、「コスモス」天域で調べられた暗黒物質の3次元マップだ（図1-54）だ。ハッブル宇宙望遠鏡のACSの当時の角分解能0・05秒角。この分解能で約50万個の銀河の形態を詳細に調べ、重力レンズシアー効果を使ってマス（質量）・マップを作る。すばる望遠鏡などで取得したマルチバンド測光データで解析に使った全ての銀河の測光赤方偏移を決める。この二つの成果を組み合わせると、3次元マス・マップが得られる。重力レンズ・トモグラフィーというテクニックだ。図1-54の3次元マス・マップの奥行きは赤方偏移 $z=1$ までだけどね。視野の広さは、さっきも言ったように、たった2平方度弱。今から100年前には、この程度が限界だった。

確かに、今では笑止の沙汰だ。しかし、歴史を振り返ってみよう。

・ガリレオが望遠鏡を宇宙に向けたときの発見。
・ハーシェルが天の川の姿を探ったこと。
・ハッブルがアンドロメダ銀河は系外銀河であることを突き止めたこと。
・ハッブルが宇宙膨張を発見したこと。
・ペンジアスとウイルソンが白い誘電体(58)からではなく、ビッグバンの名残である宇宙マイクロ波背景放射を見つけたこと

思いつくことはいくつもある。だが、考えてもみろ。22世紀の今でも、これらはいつも私たちの心の片隅に残っている偉業だ。そして、コスモス・プロジェクトが明らかにした暗黒物質の空間分布はやはり人々の心に残った。

コスモスのスピリットは語り継がれるものの一つになったことになる。レガシーっていうやつだ。まあ、俺がコスモスの肩入れをする必要は何もないんだけど。口の悪いやつに言われそうだな。

「あんた、コスモスの何なのさ」(59)

「港のヨーコ、横浜・横須賀だな?」

(58) この発見に使われた望遠鏡は口径 7m のホーン型アンテナである．白い誘電体は，その望遠鏡に巣くっていた鳩のフンのことだ．ペンジアスとウイルソンは，最初は何かのノイズだと思って，徹底的にノイズ源を調べた．その一つにこの誘電体も含まれていた．

「あん？」

「いや、なんでもない……

先を続けてくれ」

4　閑話休題2038

こんな感じで、宇宙の暗黒物質の様子も分かり始めた。しかも、暗黒物質のたくさんあるところには、銀河もたくさんある。つまり、暗黒物質が宇宙の大規模構造を作ったのさ。その中で銀河が生まれ、そして育まれたことを意味する。これこそ、20世紀後半に提唱された冷たい暗黒物質による銀河形成論だ。「コスモス」はこのパラダイムを立証したんだ。

ちょっと、話はずれるんだけど、このパラダイムというのはなかなか危険だ。正解ならハッピーだが、もし間違っていたら……。あいつは遠くを見るような目つきで言った。

(59) コスモス・プロジェクトは採択された段階で，国際的には "20 years legacy" という評価がなされていたようである．つまり，その後20年間語り継がれるプロジェクトになるだろうということである．しかし，その読みは過小評価だったことがわかる．何故ならば，コスモスが世紀を超えた "One century legacy" になったことを私たちは知っているからだ．

「科学は暗黒時代を生きることになるからだ」

「でも、パラダイムって、概ねいい線いっているんじゃないの？」

「概ねか……」

あいつは少しの間、瞳を閉じた。そして、ゆっくりと僕を見つめなおして言った。

「細かい問題ならいいさ。だけど、基本的なところでパラダイムがこけると痛手は予想以上に大きい。そういう意味で、パラダイムは危険なのさ」

なるほど、一理ある。

「だから、俺はパラダイムと呼ばれるものを最初から信じることはしない。ああ、そうですか。そんな感じで承っておくぐらいがちょうどいいのさ」

そんなものなのかと、僕も思った。だが、割り切れない点もある。

僕はあいつに聞いてみた。

「パラダイムで失敗した、いい例はあるの？」

あいつは間髪をいれずに答えた。

「ＡＧＮ」

「電波銀河？」

「ああ、電波銀河もだ」

ＡＧＮはActive Galactic Nuclei。活動銀河中心核のことだ。巨大ブラックホールの周りに、降着円盤があり、重力発電をしている。これが基本的なアイデアになる。つまり、パラダイムだ。20世紀後半、つまり前々世紀の遺物だ。あいつはこのパラダイムが二〇三八年に崩れ去ったと言った。

〝どうして、三八年なのか……〟

あいつは、僕のこの呟きを聞き逃さなかった。

〝いろいろ、都合があるのさ〟

5 「コスモス」2051

しかし、あいつの立ち直りは早い。


「次は51だ」

「二〇五一年？」

「ああ、その通り。この年、国際天文連合第35回総会が開かれた」

「どこで？」

「いい質問だ。北極だよ」(60)

「ええ？　まさかあのノース・ポール・リゾートで？」

(60) この頃，北極は地球温暖化のため，いくつかの美しいグリーン・アイランドの楽園となっていた．アメリカ行政区長のバビブベ・ブッシュ氏はこういってノース・ポール・リゾートを称えたという．“NPR は究極の松島です”．彼の発案で，北極点には

『北極や　ああ北極や　北極や』

という句碑が建てられたことはあまりにも有名である．意味がないという意味で．

「そうだよ」

「しかし、いくらなんでも。あそこは会員制で超VIPしかいけないところじゃないの?」

「今はね。そもそもリゾートする人間の数も減った。昔は団体客がメインだったのさ。国際天文連合もその頃はさびしくなっていて、参加者は500人ぐらいだったらしい。地球の人口に比例しているだけだけどね」

「その総会では、何か大事な相談がされたの?」

「うん、その話だ」


さっきも言ったように、コスモス・プロジェクトは冷たい暗黒物質による銀河形成論を立証した。二〇〇七年だった。だが、観測したのはたったの2平方度、赤方偏移$z=1$までだ。人類は限りない欲望を持っている。20世紀、井上陽水もそう歌っていた。その限りない欲望の先にあるのは、決まっている。全天サーベイだ。まあ、天文学者の病気みたいなもんだ。

しかし、二〇五一年にこの決断を下すとは、思わなかった。

「4万平方度。サーベイする天体の明るさは40等級まで」

そして、極めつけはこれだ。

「赤方偏移は $z=30$ まで！」

「$z=30$！　それって１３６億光年彼方ですよね」

「そうだね」

「ＰｏｐⅢ(61)までぶっちぎりですか？」

「それしかないだろ、人間なんだから」

このとき、一瞬たじろいだ。あいつが、突然〝人間なんて〟（吉田拓郎作詞・作曲）(62)を歌いだしたら収集がつかなくなると思ったのだ。でも、それは杞憂に終わった。

思いのほか、淡々とあいつは話を続けた。このプロジェクトはある意味でクレージーだ。だって、全宇宙サーベイだ。しかも、１３６億光年彼方まで。それをやっちまったら何が

(61) Population III の略．宇宙における第一世代天体で，$z=30$ の頃，太陽質量の 100 万倍程度のガス雲の中で生まれたと考えられていた．今では，常識だが．
でも，時は流れた．天文学者の興味は Population IV に移っている．Pop III が生まれる前の，ガス雲の探査だ．
(62) 20 世紀，日本の歌 100 選に選ばれた名曲．どうして僕がそんなことを知っているのか，よく分からないのだが．
ちなみに前出の井上陽水氏の歌では，大方の予想を裏切って（?）「リバーサイドホテル」が選ばれている．僕はこれでよいと思うのだが，あいつの意見は違うらしい．

「俺は今，あまり金がない．ということは，ベストは“米がない”だと思う」

かなり支離滅裂で僕は困った．たぶん，“傘がない”の間違いだとは思うのだが….とりあえず，この話題には触れないことに決めた．

残る？　ぺんぺん草さえ生えないさ。だって、見えるもの全てを見ちゃうんだよ。その結果、残ったものがこれさ。あいつは、部屋の片隅の不気味な箱を指差した。

「カスム君か……」

僕も、少し事態が飲み込めてきた。

6　カスム君まで、もう少し

「それで、国際天文連合第35回総会で決まったプロジェクトは、無事終わったの？」

僕は聞いた。

「ああ、終わったよ。二〇七〇年までかかったけどね」

あいつは続けた。

口径10メートルの宇宙望遠鏡が100台。1台当たり、400平方度を担当し、徹底した全天サーベイを行った。これが「コスモス」・オールスカイ・サーベイ（COSMOS All Sky Survey）だ。略すと〝カッス（CASS）〟。なんだか、かっこ悪いっす、という感じの名前だけど。まあしょうがない。あいつが照れる必要もないように思ったが、僕は口を挟まなかった。もっと話があるようだったからだ。

カッスがやったのは紫外線から近赤外線でのサーベイだ。だが、ここでも「コスモス」のスピリットが生かされた。「コスモス」は最初から多波長ディープサーベイとしてデザインされていたので、やっぱりガンマ線、X線から電波までやろうということになった。そして全ての天文台は宇宙に飛び立ち、地上の天文台は博物館になってしまった。アロハ宇宙博物館がそのいい例だ。まあ、これも自然の成り行きだ。

こうして、宇宙の銀河、巨大ブラックホール、暗黒物質、そして大規模構造の分布はほぼ完全に分かってしまった。結局のところ、「コスモス」の成果を裏付けただけだけど、これで人類は安心した。

宇宙大規模構造のシミュレーションの大御所であるサイモン・ブラックの孫がこういったそうだ。

「カッスの結果を、おじいさんに見せたかった」

7 カスム君、再び

なかなか、いい話だ。だが、そろそろ僕もしびれが切れてきた。

「ところで、あのカスム君のことだけど…」

「ああ、悪い悪い。やっぱり話が少し長くなったね。でも、もうホンの少しだよ」

じつは、二〇六二年に、重力波天文台がカッスに参入した。超高感度で、$z=30$ でＰｏｐⅢが超新星爆発を起こしても検出できる能力を持つというから凄い。まあ、確認するのは大変だけどね。こうして、カッスは電磁波と重力波で、究極の宇宙観測システムとして確立していったことになる。

ところがさっき言ったように全天サーベイは二〇七〇年に完了し、僕たちは宇宙のほぼ完全な地図を手に入れた。そうなると、カッスの役割は終わりを告げることになるんだけど、そうはいかなかった。あれだけのファシリティーを作り上げてしまったからには、やはり有効利用していく義務もある。ということで、結局、カッスには新しい使命が与えられたのさ。

〝変動する宇宙を見つめよ！〟

まあ、しょうがない。カッスを潰す必要などないし、人類はいつもスリリングなドラマを待っている。賢人の選択だ。

だけど、システムの名前は変わった。「コスモス」オールスカイ・モニター（COSMOS All Sky Monitor）。略してＣＡＳＭ。これがあの箱の正体だよ。

〝一家に一台、カスム君〟

それを聞いて、僕はふと思い出した。たぶん１００年前のことだと思うが

〝一家に一枚、宇宙図〟

というのがあったようだ。

「うーむ、歴史は繰り返されるのか」

僕は意味もなく唸った。

時の流れは恐ろしい。今では、カスム君はアキバの第3居住区のショップで買えるそうだ。しかも、たった98新円。安いもんだ。僕も明日買いに行くことに決めた。

「ただ…」

あいつは少し逡巡しながら言った。

「カッスもカスム君もいいんだけど、一つ気に入らないことがある」

「なんだい？」

「うん、カッスもカスム君も、ニホン人がほとんどプロジェクトに絡んだ形跡がないことだ」

それが本当だとすれば、確かに意外な事実だ。

「どうして?」

「俺にもわからないよ」

「……」

あいつは困っているようだった。よくわからないけど、僕も困っていた。結局、二人で困っていたのだと思う。

だが、僕の耳の感度もいいみたいだ。あいつの呟きがかろうじて聞こえた。

「二〇〇八年のあの日、あの街角。

俺たちは、あの角を右に曲がればよかった」

僕は膝の力が抜けてへたり込んだ。僕の呟きは果たしてあいつに届いただろうか。

「あいつは過去からやってきていたんだ」(63)

(63) じつは，僕もなんだけど…….

あとがき——第一部、第二部への謝辞

コスモス・プロジェクトの全てのメンバーに感謝いたします。特に、Nick Scoville 氏及び Peter Capak 氏にはプロジェクトの牽引に対して深く感謝いたします。また、すばる望遠鏡の Suprime-Cam チームのメンバーの方々にはコスモス天域の観測で大変お世話になりました。深く感謝いたします。なお、本研究は科学研究費補助金（15340059, 17253001, 19340046, 23244031, 23654068 および 25707010）のサポートを受けて行われました。深く感謝いたします。

図版出展

図 1-1　ハッブル宇宙望遠鏡　提供：STS c I
図 1-2　すばる望遠鏡　提供：国立天文台
図 1-3　2 平方度の天域を HST の ACS カメラで観測する様子（背景の天域はコスモスフィールドではない）。いかに大変な観測であるかがわかる　提供：Nick Scoville 博士［Caltech］
図 1-4　すばる望遠鏡の主焦点カメラ、シュプライム・カム　提供：国立天文台
図 1-5　コスモスフィールドと同じ 2 平方度の大きさを赤い枠で示してある。シュプライム・カムのカバーする視野の一例を黄色い枠で示してある。2 平方度をゆとりを持ってカバーするには横方向に 4 回、縦方向に 3 回カメラを動かして観測するのがよいことがわかる　提供：安食優［東北大学大学院理学研究科］
図 1-6　GOODS?S 天域で撮像された遠方の銀河（コスモスで採用された I814 フィルターではなく、775nm に重心のある I フィルターを用いて撮影されている）。銀河の形態が十分な制度で議論できるデータになっている
提供：Bahram Mobasher 博士［STScI］
図 1-7　すばる望遠鏡のシュプライム・カムで使える広帯域フィルター　提供：村山卓［東北大学大学院理学研究科］
図 1-31 赤方偏移 $z = 5.69$ のライマン？輝線銀河 国立天文台、Ajiki et al. 2002、http://www.subarutelescope.org/Pressrelease/2002/08/j_index.html
http://subarutelescope.org/Pressrelease/2002/08/08/j_index.html
図 1-37　すばる望遠鏡（ドームの中に見える望遠鏡）　提供，国立天文台
図 1-38　マウナケア天文台群　提供：国立天文台
図 1-42　アンドロメダ銀河（M31）の回転曲線　出典：http://www.dtm.ciw.edu/users/rubin/
図 1-43　暗黒物質がない場合と、ある場合で宇宙の構造形成にどのような差が出るかをコンピューター・シミュレーションした結果．T は宇宙年齢
提供：吉田直樹
図 1-44　SDSS 専用の反射望遠鏡　提供：SDSS
図 1-46　冷たい暗黒物質モデルに基づく構造形成の数値シミュレーション
提供：Nick Scoville 氏
図 1-48　銀河団 Abell 2218 で観測される重力レンズ現象＆重力レンズの原理　http://hubblesite.org/gallery/album/entire/pr2001032b/
図 1-52　天球面に投影した，普通の物質と見えない物質＝ダークマターの分布の比較　提供：STScI
図 1-54　世界初のダークマターの 3 次元マップ．奥行きは約 80 億光年．80 億光年先で，2.8 億光年四方の広がりに相当　提供：Richard Massey & STS c I
図 1-57　宇宙における星生成率密度の進化　出典：http://www.firstgalaxies.org/the-latest-results）

著者：谷口義明（たにぐち　よしあき）

1954年，北海道旭川市生まれ．東北大学大学院理学研究科博士課程修了．理博（東北大学天文学）．東北大学大学院理学研究科助教授，愛媛大学大学院理工学研究科教授，同大学宇宙進化研究センター長を経て，現在・放送大学教授．専攻：銀河天文学．

主な著書『現代の天文学　第4巻　銀河I』（共著，日本評論社），『宇宙進化の謎』（講談社），『宇宙の始まりの星はどこにあるか』（角川新書），『谷口少年，天文学者になる』（海鳴社）

銀河宇宙観測の最前線（ぎんがうちゅうかんそくのさいぜんせん）

2017年 4月25日　第1刷発行

発行所：㈱ 海 鳴 社

http://www.kaimeisha.com/

〒101-0065　東京都千代田区西神田２－４－６

E メール：kaimei@d8.dion.ne.jp

Tel.：03-3262-1967　Fax：03-3234-3643

編　　集：木 幡 赳 士

発 行 人：辻　信　行

組　　版：海　鳴　社

印刷・製本：モリモト印刷

出版社コード：1097

ISBN 978-4-87525-332-7